上海科普图书创作出版专项资助　　国家自然科学基金资助(31272325)

可可西里的生态印记

一位野生动物研究者的快乐之旅

徐爱春 著

上海科学技术出版社

图书在版编目（CIP）数据

可可西里的生态印记：一位野生动物研究者的快乐之旅 / 徐爱春著．—上海：上海科学技术出版社，2014.4（2020.8 重印）

（科学之旅）

ISBN 978-7-5478-2154-1

Ⅰ.①可…　Ⅱ.①徐…　Ⅲ.①野生动物－普及读物　Ⅳ.① Q95-49

中国版本图书馆 CIP 数据核字（2014）第 035552 号

审图号：GS（2014）261 号

责任编辑　唐继荣　张缘舒

装帧设计　戚永昌

电脑制作　吴　琴

可可西里的生态印记　——一位野生动物研究者的快乐之旅

徐爱春　著

上海世纪出版（集团）有限公司
上　海　科　学　技　术　出　版　社　出版、发行

（上海钦州南路 71 号　邮政编码 200235　www.sstp.cn）

永清县晔盛亚胶印有限公司印刷

开本 700×1000　1/16　印张 12　字数 180 千字

2014 年 4 月第 1 版　2020 年 8 月第 4 次印刷

ISBN 978-7-5478-2154-1/N · 82

定价：38.00 元

内容提要

本书作者用生动的笔触介绍了一位科研工作者在可可西里等高海拔地区进行野生动物科学研究过程中的所见所闻和切身感受，还穿插一些野生动物调查知识及对雪域高原野生动物保护现状和前景的思考。书中突出挑战高寒缺氧环境、快乐投身科学和自然保护的精神风貌，同时配有壮丽的雪域高原自然风光、精美的野生动植物和独特的风土人情照片，适合自然爱好者、高原生态旅游者、野生动物研究与保护管理者、大学和中学师生阅读。

前　言

林海茫茫、层峦叠嶂的长白山山区是我的故乡。在我的童年时代，物质极其匮乏，既没有什么像样的玩具，也没有印刷精美的图书，更不用说有科教频道的电视了。自然而然地，地上的蚂蚁、地下的鼢鼠、水上的蜻蜓、空中的小鸟就成为我童年时期最好的玩伴。最喜欢的莫过于捉鱼，浑水摸鱼、筑坝拾鱼、击石震鱼，或到山上采来尚未成熟的核桃，将青青的果皮捣烂撒在塘里，一会儿就有中毒的小鱼醺醺地游来。既好玩，又可以满足口腹之欲，沉浸其中，每每乐此不疲！

如此浑浑噩噩进入了初中。某天偶得一本科普小书《哈尔罗杰历险记》，我立刻被书中描写的种种奇情异趣以及丰富的动植物知识深深吸引住了。随着小说情节的层层铺展，自己仿佛化身为主人公哈尔罗杰，完全沉浸在这五彩斑斓的世界中！作者对大自然、对人类的热爱深深地打动了我，而我今后的人生选择亦被它潜移默化地引导了。至今这本科普小书还静静地立在我的书架上，数次搬家，未曾遗弃。

书里的故事精彩纷呈，山外的世界又是什么样呢？这种憧憬和遐想，让少年的我生出一个强烈的渴望：走出大山，去看看山外的世界。于是我努力读书，终于考进了县里最好的高中。枯燥的高中生活，生物课是其中的一抹亮色，我喜欢上生物课，喜欢与田间地头不一样的生物学世界。高考填志愿时，我毫不犹豫地选择了东北师范大学生物系。选择师范大学是因为在那里读书不但不用交学费，每个月还有生活补助，可以减轻家里的一些负担；选择生物系，是因为能满足我投身山野的愿望，实现我少年时的梦想！果然，进入大学后，长白山被子植物实

习、大连海滨动物和藻类实习、左家脊椎动物学实习、土门岭早春花植物实习、净月潭裸子植物实习……不亦乐乎！在辅导员杨志杰教授的带领下，我所在的班级也成了一个快乐的集体。多年后同学相聚，大家总是眉飞色舞地讲起历次实习，美好的回忆令人津津乐道！大学毕业后，我师从著名的植物生态学家郭继勋教授攻读硕士学位，郭先生的言传身教使我顺利迈入科学研究的殿堂。然而，毕业时，囿于家境，不得不中断了刚刚起步的科研之路，选择到浙江宁波一所中学任教。

“羁鸟恋旧林，池鱼思故渊”，中学教学工作虽然收入丰厚、生活安逸，但我总觉得心里空落落的！ 3 年后，我毅然辞去了工作，只身来到北京的中国科学院动物研究所，有幸遇到了著名的野生动物研究专家蒋志刚先生，并得以追随他攻读博士学位。从此我由一个捉虫捕鱼的顽童成为一名动物生态学和保护生物学的研究者，在苍山林海中追寻野生动物的踪迹，探索生命的神奇奥秘。

“为什么要到条件恶劣的可可西里做研究工作呢？”很多人对我的选择很不理解。初次听闻可可西里，是从新闻报道和网络论坛上，我为藏羚羊、藏棕熊等高原生物多舛的命运深深担忧。有人这样形容可可西里：它拒绝人类，却怀抱着柔弱的小草和剽悍的野生动物，它既荒凉又富有，它原始却又保持着大地的完整性，它远离尘世却充满生命的壮阔和美丽。这是一片怎样的神奇土地啊？它深深地吸引着我。

2004 年 9 月，我参加了蒋先生组织的 “普氏原羚国际研讨会”。会后，我第一次来到了可可西里。湛蓝的天空、洁白的云朵、清澈的湖水、五彩的草原，纯净之中显壮阔、肃杀之下藏生机的高原之美在我眼前徐徐展开；尤其那满目的野花争奇斗艳，成群的动物自在徜徉，令人流连忘返。自此之后，我深深地爱上了可可西里这位“美丽的少女”，多次深入可可西里地区进行野生动物调查研究。虽然高原的野外研究条件异常艰苦，而我却乐在其中。自然是最伟大的母亲，在可可西里我领略到了她的威严，也感受着她的爱抚，慢慢地我学会了理解和尊重她，也懂得了“敬畏自然”。

我非常喜欢现在从事的生物学研究工作，因为它不但能满足我已有的好奇心，还能激发我产生新的好奇心，让我享受着洞悉事物后的无比快乐。我愿意传递我的快乐，本书记录了这些年来我在可可西里以及邻近的三江源、都兰等地区进行野生动物科学研究过程中的所见所闻和切身感受，同时还穿插了一些野生动物调查知识和我对雪域高原野生动物保护现状和前景的一些思考。这些文字或是有感而发，或为抛砖引玉，匆匆而就，未经推敲雕琢，不当之处，敬请读者不吝批评、指正。

在多年的野外科研工作中，要特别感谢师长、前辈们的精心指导，感谢好友同仁们的热心支持，感谢国家林业局野生动植物保护与自然保护区管理司、青海省野生动植物和自然保护区管理局和青海省可可西里国家级自然保护区管理局对我工作的支持，感谢当地保护人员的大力协助，感谢国家自然科学基金委员会、环保部南京环境科学研究所等机构对我的各类资金资助。唯此，无论野外条件多么恶劣、多么艰苦，我都能毫无后顾之忧地乐在其中。

最后，将我在可可西里的科研经历和快乐献给我的女儿，她是上天赐给我最美的礼物！

徐爱春 博士

于中国计量学院日月湖畔

springlover@cjlu.edu.cn

目　录

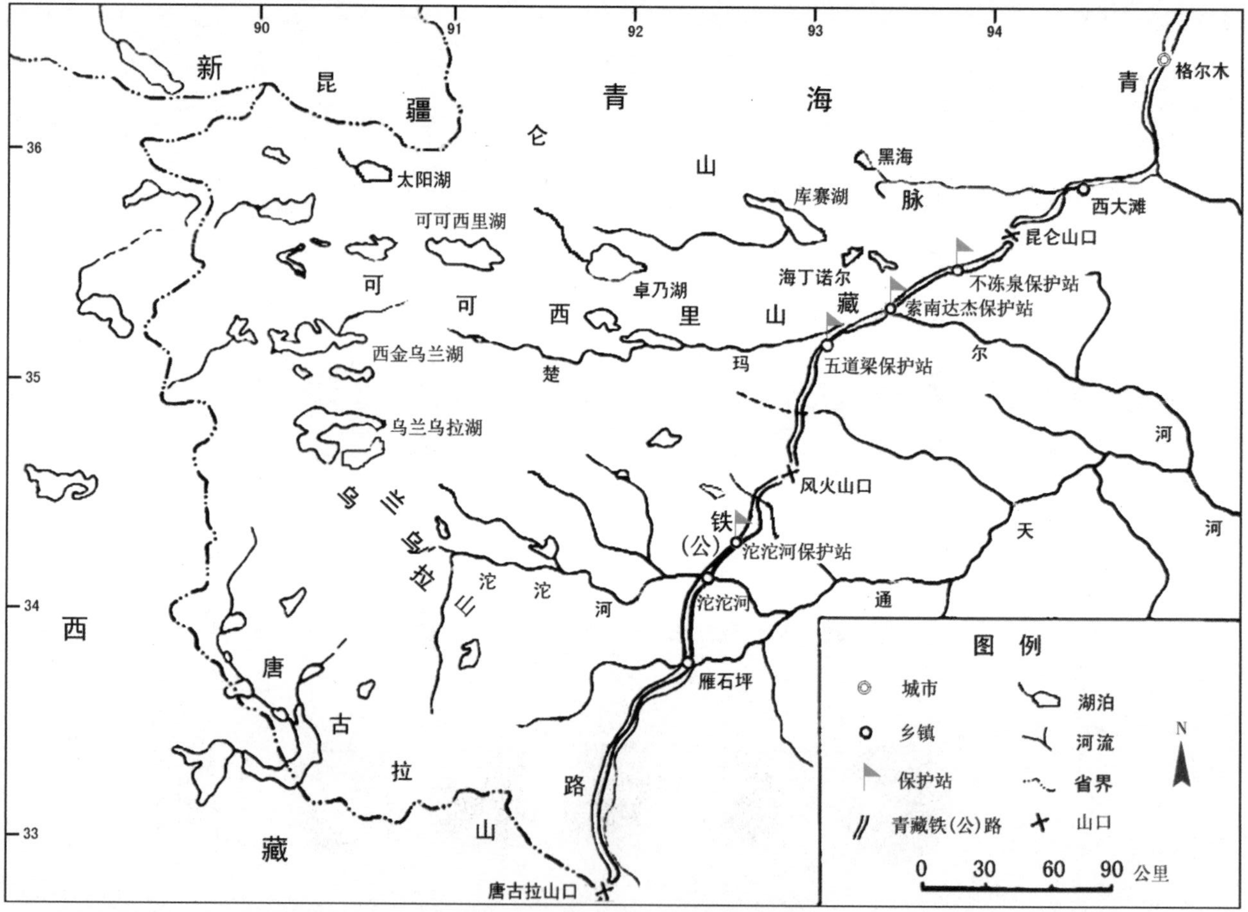

青海可可西里总面积可达 8.3 万平方公里

1 可可西里

——一个令科研工作者着迷的地方

青藏高原被誉为“世界屋脊”“地球第三极”和“中华水塔”，是全球海拔最高、最年轻的大高原。这里有一片神奇的土地，它处于青藏高原腹地，是青藏高原水热条件、河流水系、生物、土壤等自然环境的交接和过渡地带，对青藏高原自然环境的总体特征有显著的决定作用，它就是可可西里地区。

狭义上，可可西里地区通常指的是可可西里国家级自然保护区所辖范围（下文中所提及的可可西里皆指狭义上的可可西里国家级自然保护区所辖范围）。它位于青海省西南部的玉树藏族自治州治多县境内（东经89° 25' ~ 94° 05'，北纬34° 19' ~ 36° 16'），地理范围为昆仑山脉以南，乌兰乌拉山以北，东起青藏公路，西临西藏、新疆，总面积约4.5万平方公里；广义的可可西里地区除上述范围外，在青海，南可延至唐古拉山脉，总面积达8.3万平方公里。

可可西里地势高亢，平均海拔在4 600米左右，自然环境复杂。在去可可西里之前，我认真阅读了相关文献和各种考察报告，其中《青海可可西里地区自然环境》（李炳元等著）和《青海可可西里地区生物与人体高山生理》（武素功和冯祚建著）是我阅读时间最长、做笔记最多的文献资料之一。

可可西里区内地势起伏较小，主要地貌表现为起伏和缓的高山、丘陵、台地和平原，相对高度大多不超过600米，这主要是因为这个地区没有受到青藏高原强烈隆起所造成的河流溯源侵蚀影响。可可西里山、冬布勒山及乌兰乌拉山横贯区内中部，山地之间为广阔的宽谷盆地带，有楚玛尔河、沱沱河等纵贯其中，也有可可西里湖、卓乃湖等镶嵌其内。

可可西里地处中亚内流水系与太平洋水系的交汇地带，水系丰盛发达。其东部和南部是由楚玛尔河、沱沱河和那曲组成的长江河源外流水系区；西

可可西里地势起伏较小，相对高度大多不超过 600 米（图中为海丁诺尔湖，远方雪山为昆仑山）

这条无名小河最终流向楚玛尔河（远方的雪山为玉珠峰）

部和北部是以高原湖泊为中心的内流水系区，它处于羌塘内流水系的东北部，也是可可西里地区湖泊最集中的地区。本区湖泊众多，淡水、半咸水、咸水和盐湖皆有，泉水多露出，冰雪融水丰沛。因此，本地区水环境系统是一个多层次、结构复杂的系统。

受青藏高原隆起的影响，可可西里气候条件非常严酷，同时具有高寒、干燥、空气稀薄、缺氧、风速大、太阳辐射强、无霜期短等特点。这里年平均气温为零下 6℃，有记录的极端气温达零下 46.4℃，昼夜温差非常大；年平均降水量仅在 173 ~ 495 毫米，且约 69% 的降水集中在 6 ~ 8 月。降水偏碱性，无酸雨记录。可可西里地区地势开阔，又受到高空强劲西风的作用，成为整个青藏高原乃至全国风速高值区之一，平均风速达 5 ~ 8 米 / 秒，极值瞬时风速达到 24 米 / 秒，相当于 9 级风速。风速日变化规律与平原地区相似，即白天风大，夜间风小。最小风速一般出现在清晨前后，最大风速一般出现在下午 2 点钟至晚上 8 点钟，此时也正是高原加热作用最强的时候。另外一个特点是大风多，约占总次数的 80% 以上。可可西里绝大多数地区基本未受到人为污染，空气质量好，大气能见度高，空气中总悬浮微粒浓度水平优于国家最佳大气质量标准一级标准的要求。

本区水平地带性植被主要包括高寒草甸、高寒草原和高寒荒漠草原，垂直地带植被主要有高寒草原、高寒草甸和冰雪带等；此外，在水平地带植被中还间或分布有沼泽植被、垫状植被等，栖息地类型可称得上是多种多样。

可可西里还分布有沼泽植被等

在生物地理学上，青藏高原位于古北界和东洋界的交汇区，使得它成为地球上具有最复杂的高山生物群落的地区之一，生活着诸多特有物种，在全球生物多样性保护和我国生态文明建设方面具有重要意义。可可西里地区的野生动物区系组成较为贫乏和单纯，4.5 万平方公里内仅有 31 种兽类，但它们数量多，特别是许多动物具有集群活动或群聚栖息的习性，常常可见到上百或上千头在一起采食、迁移或迁徙，是全国其他野生动物分布区所不能比拟的；并且，这里多数野生动物属于青藏高原特有种，如野牦牛、藏野驴、藏羚羊等，在内地是看不到的；更重要的是，这些野生动物大多为濒危物种，属于国家一、二级重点保护动物。因此，在人类还没有大规模侵袭这片土地

可可西里野生动物（图中为藏羚羊）种群数量大，常可见到上百或上千头在一起采食、迁移或迁徙

可可西里是进行野生动物行为观察和研究的绝佳地方（图为作者在进行动物行为研究，崔庆虎摄）

之前，对它们进行资源调查是必要的，对它们进行生态学研究也具有重要的科学意义。另外，可可西里地区地势较为平缓、植被低矮，多为垫状，缺乏高大植物遮蔽，易于搜寻、发现大型野生动物，能保证对研究对象进行远距离、长时间的跟踪和行为观察，是进行野生动物行为观察的绝佳地方。

可可西里奇特的自然景观也令人瞩目。在格拉丹冬峰和布喀达坂峰等终年不化的冰峰雪岭上，悬挂着一条条洁白的山谷冰川；多年冻土区因冻融冰缘作用，在地表形成了冻胀丘、冻胀石林、石环、石条、石河等多姿画面；波状起伏的高原上镶嵌着一个又一个蓝宝石般晶莹的高原湖泊，在碧空如洗的天空下，湖面由远而近呈现出了靛青、蔚蓝、浅碧等各种忽蓝忽绿的迷人

远眺唐古拉山口的雪山、冰川

火车奔驰在可可西里，蓝宝石般的小湖泊随处可见

色调。此外，还有形态奇特的火山熔岩组成的平顶方山和火山地貌形态，以及流动沙丘、沸泉群等自然景观点缀其中。

由于独特的自然环境和恶劣的气候条件，可可西里绝大部分地区至今仍为“无人区”，还保持着较完好的原始状态，区内的野生动物行为、植被演替，湖泊、河流的演变，土壤的发育等各种自然过程都未受到人为活动的严重干扰，是人类不可多得的宝贵自然遗产，其独特性和多样性具有重大科研价值。本区独特的自然环境，不仅哺育了我国，甚至世界特有的生物种类，而且还保持着原始的自然演变过程，因此，青藏高原是研究高寒自然环境演变和它对全球环境影响的天然实验室，从而引起了国内外科学工作者的浓厚兴趣和关注。

2　初识可可西里

2004 年 9 月，我与师弟李忠秋博士同行，乘火车前往可可西里。第一次有机会近距离接触这个神秘之境，我们既兴奋又忐忑。兴奋的是，能在这个堪称“野生动物天堂”的地方开展野生动物的研究和保护工作，获得第一手资料；忐忑的是不知道我们的身体能否经受住那里严酷条件的考验。

火车在傍晚时分徐徐驶出了西宁，离目的地越来越近，我俩的心情也变得激动起来，越来越期盼能早些看到那传说中的景观。可是夜幕很快就降临了，窗外的景观越来越暗淡，最终黑漆漆一片。亢奋中，我们只能热烈地讨论各自对可可西里大高原的畅想。

清晨时分我们抵达了格尔木市。“格尔木”是蒙语，意为“河流密集的地方”。这里汇集了发源于昆仑山脉的20多条河流，其中包括柴达木盆地第二大河——格尔木河。格尔木是整个柴达木盆地最低洼的地方，海拔 2 800 米左右，也是一个水草丰美的地方。1954 年因修建青藏公路在此屯兵而建政，如今已经发展成为青海省第二大城市。格尔木市辖区面积（含唐古拉山乡）约 12 万平方公里，比浙江省面积还多出 2 万平方公里，相当于 2 个宁夏回族自治区，是瑞士国土面积的 3 倍，新加坡国土面积的 176 倍！

虽然由于心情亢奋几乎一夜无眠，我们却顾不得休息，更顾不上欣赏格尔木市区的景色，急匆匆地赶到进出可可西里的必经之地——南山口，租了一辆车直奔五道梁保护站。可可西里国家级自然保护区沿青藏公路共建有 4 个保护站，由北向南依次是不冻泉、索南达杰、五道梁和沱沱河。不冻泉保护站是过了昆仑山口后的第一个保护站，以附近的一汪清泉而得名；索南达杰保护站是以保护藏羚羊而壮烈牺牲的勇士索南达杰的名字命名；五道梁保护站是我们这次可可西里之行的主要目的地，它位于因藏羚羊大迁徙而著名

的野生动物通道——五北大桥附近；沱沱河保护站当时还建于沱沱河镇中心，2010 年后搬迁到了二道沟。

我们的车沿着格尔木河一路上行，河道因被水流常年冲刷形成巨大而深邃的河谷，河两岸护坡直似刀削，状如悬崖。由于土壤中富含铁等矿物元素，河水有时呈现出奇异的红褐色，远远望去竟如昆仑山脉中生出的血液，源源不断地滋养着河道两岸的生灵。

汽车刚驶出市区,路边有两人招手寻求搭车,司机询问我们是否愿意搭载,我们也想通过与当地人聊天来了解一些情况,便答应了。这二人却不着急上车，一转身从身后的土沟里拿出了锹和箩筐等一堆工具放到车后备箱里，他们奇怪的行为让我们感到非常诧异：他们不是去欣赏可可西里风景的吗？为什么要带这样的东西？

聊起来才知道原来他们是去昆仑山口探寻金矿矿脉的。我们感到更加奇怪，可可西里作为国家级自然保护区，怎么能够随便让人进入区内挖矿呢？他们是不是传说中的非法采矿者？是不是盗猎分子？身上不会带着枪吧？我和师弟对视了一眼，心中各自警铃大作。于是我们随意地问了些关于探矿、淘金的问题，他们无所不言，气氛非常友好；后来我们装作不经意地聊起环境保护政策方面的话题，他们立刻流露出警惕的神情，言语也开始支吾起来，仿佛我们是密探一般，车内气氛不再友善，我们只好尴尬地保持着沉默。

车很快到了纳赤台。纳赤台是元代蒙古人设立的一个驿站，蒙语中“赤台”即为驿站。这里有一汪泉水，被称为“昆仑神泉”，据说泉水来自于昆仑山融化的雪水，流经地下岩石孔隙在此喷涌而出。泉水日涌量很大，清冽见底，掬起一捧，入口甘甜，但由于水温太低，未敢畅饮。2001 年可可西里地区曾发生过 8.1 级大地震，这汪清泉没有被地层的断裂所阻绝，实属万幸。

入口清凉甘甜的“昆仑神泉”

“雪山！雪山！”当车转过一个拐角抵达西大滩时，我们不禁欢呼起来。公路左侧矗立

青海最高峰——布喀达坂峰（新青峰），海拔 6 860 米

着一座巍峨的雪山——玉珠峰。洁白的雪山映衬着湛蓝的天空分外美丽，宛如一条长长的、厚厚的披肩覆盖在连绵的山顶上。在雪山半山腰，冰川犹如一条条巨蟒般逶迤而下，层层叠叠，亦如凝固了的钱塘江潮，随时准备自山顶汹涌泻下！这是我们第一次如此近距离地观赏雪山、冰川，心情分外激动，掏出照相机狂拍不停。西大滩的海拔大约 4 000 米，是一个补给点，司机给车加了油，我们也在这里吃了顿简单的午餐。

车在一段陡坡上吃力地攀升，从车窗灌进来的风带着阵阵凛冽的寒气，我们感觉到离昆仑山垭口越来越近了。昆仑山号称“万山之祖”，横亘于亚洲中部，素有“亚洲脊梁”的称号，同时它也是我国最长的山系：西起帕米尔高原，沿着新疆与西藏的交界线，经青海由西向东一直延伸至四川盆地，全长约 2 500 公里，总面积达 50 多万平方公里，在青海境内即有 30 多万平方公里，几乎半个青海省都在昆仑山系的范围内。

到达昆仑山口就意味着进入可可西里自然保护区了。山口矗立着一座藏羚羊一家三口的雕塑，雄性藏羚羊健壮威武，雌性藏羚羊温柔和顺，小羊羔活泼可爱，整个雕塑和谐生动。山口还竖着两座纪念碑，一座是为了纪念五位在攀登玉珠峰时突遇暴风雪而不幸遇难的登山队员；另一座是为了纪念为保护藏羚羊而牺牲在盗猎分子枪下的索南达杰烈士。索南达杰和他的故事早已深深地融入了可可西里这片土地中，数不清的经幡重重叠叠悬挂在纪念碑上，以一种深沉静穆的方式怀念着这位守护昆仑生灵的英雄。

昆仑山口藏羚羊一家三口的雕塑

耸立在昆仑山口的索南达杰烈士纪念碑

踏上可可西里高地，首先令人惊叹的是可可西里的高亢。地质史上，400万年前这片土地还沉睡在一片汪洋大海下；200万年前，整个青藏高原的平均海拔只有1 000米左右，喜马拉雅山的高度才刚刚超过2 000米；再经过200万年漫长的隆升演变，青藏高原的平均海拔抬升达到了4 000米，珠穆朗玛峰更是成为了世界第一高峰。沧海桑田的变化形成了如今壮美多彩的生态景观，也孕育和造就了形态多样、习性迥异的高原生物，它们以绚丽的色彩映衬着青藏高原大美之风采，更是展现出在恶劣环境中生存繁衍的旺盛生命力和适应力。抵达昆仑山口后，我们急忙下了车，兴奋地在可可西里高原上奔跑欢呼起来。天空蓝得出奇，一眼望去纤尘不染，却又点缀着几朵洁白的云朵，云朵低垂，仿佛触手可及；雪峰矗立，棱角分明、冷峻如刀削的褶皱中又夹藏着冰川蔓延的柔美。有些景致，一生哪怕只领略过一次，就足以让人一辈子难忘初临其境时感受到的冲击！记得那天，当我驻足于海拔4 700米的昆仑山口，望着气势磅礴的玉珠峰和玉虚峰雪山，嗅着弥漫高原的淡淡野花香气，听着风拂动经幡发出的阵阵梵音，我心底瞬间产生了一种奇异的冲动，似乎就此相信我的生命在这里有了一个跨越！那样的一个高度，以及那高度上的一切，对我都是前所未有的体验，既新奇又神圣。我心里默默起誓，我愿意

云朵低垂仿佛伸手可及

为她奉献我的全部智力，我愿意把我终生的事业与之紧密相连！此时，随着经幡的翻卷，耳边似乎也传来了呢喃的声音，是高原对我的欢迎吗？是“美丽的少女”可可西里对我承诺的嘉许吗？

在我们激动兴奋之时，同车的那两个“探金矿分子”却顾不得欣赏这壮阔的景色，匆忙取了淘金工具，迅速消失在茫茫土丘中。看着他们远去的背影，我不禁为可可西里担心。高原的生态系统是极其脆弱的，地表植被稀疏、矮小，生长缓慢，很容易被破坏，而恢复起来却非常困难，需要投入大量的物力、财力和人力，更需要漫长的“疗伤”时间。例如，在同样具有冻土层的西伯利亚北部，森林被砍伐后，直到5年后才开始有稀疏的草本植物生长。我们这次搭载他们到这里，不知不觉中竟然成了破坏可可西里生态环境的“帮凶”，至今想来，仍是愧疚不已。

沉默中，我们乘车继续向目的地进发，抵达下一个站点——索南达杰保护站。这个保护站位于清水河附近，红墙白瓦的屋后竖立着一座高高的铁制瞭望塔，在辽阔的高原上特别引人注目。这个保护站原是由环保组织“绿色江河”负责人杨欣带领志愿者建立的，是可可西里第一座永久保护站，后来捐赠给了青海省可可西里国家级自然保护区管理局（简称“可可西里保护区

索南达杰保护站

管理局”)，现在已经发展为集巡护、宣教和野生动物救护为一体的保护中心。

在索南达杰保护站稍事休息，我们的车赶到了五北大桥，它是一个著名的野生动物通道，藏羚羊在大迁徙过程中主要在这里通过青藏铁路和青藏公路。大桥位于五道梁保护站的北面，紧临长江支流楚玛尔河的宽大河谷。由于地势低洼，这个通道非常便于动物的隐蔽；同时，茂盛的水草让迁徙动物经常在此进行栖息和补充食物。我们很快就发现了几只藏原羚在附近悠然进食，在桥下还发现了藏棕熊和藏野驴的陈旧粪样。想象着体躯庞大的藏棕熊摇摇晃晃地通过这个通道，或者在这里追逐、捕杀猎物，我急不可待地想早些见到它们。

汽车翻过一座小山便进入了五道梁镇。五道梁以附近有 5 道连绵起伏的小山梁而命名，但正因为周围被诸多山丘环绕，通风不畅，空气含氧量低，所以尽管这里海拔只有 4 500 米左右，但人们在这里的高原反应症状反而比在高海拔地区更强烈些，因此当地有“到了五道梁，哭爹又喊娘”的俗语。通常认为一个人如果在五道梁没有发生严重的高原反应，那么安全翻越海拔 5 200 米的唐古拉山口也应该没问题，这也是我们为什么要到这里适应可可西里环境气候的原因。五道梁有餐馆、杂货店、修理店、加油站和旅社等，是除西大滩、沱沱河和雁石坪外又一个补给重镇。

人生地不熟，经费又有限，到哪里吃饭、住宿呢？我和师弟突然发现我们已经深陷困境。两个年轻人，仅仅凭着一腔热血兴冲冲而来，事先却并没有做详细的行程规划，也没有与可可西里保护区管理局取得联系，到了目的地才想起基本的生存问题。怎么办呢？“有困难找解放军！”看到不远处有一个兵站，我们便抱着试试看的心理走了过去。我们向哨兵说明了情况，一个军官从兵站里走了出来，他核实了我们的身份，询问我们来这里的目的，最后才同意我们借住在兵站的请求，并且还管饭！我们高兴极了。遗憾的是，我们太过兴奋忘记询问这位军官的名字，但也因此，我对这里的每一位解放军官兵都充满了敬意和感激之情。

进入房间，刚放下包裹，我便开始感到头有些疼痛。一开始只是头部的一处隐隐作痛，渐渐地扩散为一侧疼痛，到最后整个头部都疼痛起来。这种疼痛最开始并不明显，若隐若现，一旦察觉后，疼痛感很快加强；大脑内部似乎被塞入了一块大石头，压迫着神经，沉重而麻木，人也变得非常难受。我知道讨厌的高原反应终于来了，急忙要告诉师弟，却发现他也脸色苍白，表情痛苦，显然也是在极力忍受着高原反应的煎熬。

随着海拔的升高，自然环境发生了变化，气压降低、含氧量减少，人体

五道梁镇是青藏公路的一个重要补给基地（2004 年）

为这些环境变化产生了一些病理性反应，这些病理性反应被称为高原反应，又称为急性高原病。据测定，可可西里地区气压只有海平面的 55% 左右，含氧量约为总气压的 1/5，氧分压为 11 千帕（83 毫米汞柱）。根据我在杭州的生活经验，夏季强雷阵雨过境时，人会感觉不舒服，出现胸闷、头晕等症状，而一旦天气转晴，这些症状随即消失，人的感觉也随之好转，这就是低气压所致。在低海拔地区人体对气压变化尚且如此敏感，对于在可可西里地区的人来说，气压变化对人体的影响就更加明显了。但并不是每个人都会产生高原反应，多种因素均可导致这种高原病，体质是一个重要因素。我不相信凭我的体质也会产生高原反应，平日里，我对自己的身体素质颇为自信。于是我用在内地解除疲劳的方法，跑到兵营外面的空地上挥拳踢腿，大声呐喊。一番折腾后，头却变得更加疼痛了，脑子里的“巨石”似乎变得更大更重了，吓得我急忙偃旗息鼓，在床上躺了好久方才缓过劲来。

既来之,则安之。兵营后面有一座小山丘,大约 50 米高,上面有几处经幡，我打算到山顶上登高远望；师弟想去镇里走走，了解并熟悉一下这里的情况，于是我们俩分开行动。区区 50 米的小山丘，对于往日的我来说根本不算是个事儿，我满怀信心地开始攀登。然而没走几步，头又变得剧痛无比，血管“嘭嘭”直跳，好像随时要爆裂一般；胸口沉闷，五脏六腑似乎都被击打着；总感觉氧气不够用，喘气开始变得急促；腿也重如灌铅，步子迈得越来越小。没办法，只能走两步就停下来大口呼吸，直等到心跳平静了，再以一种堪称“龟行”的速度慢慢地挪向山顶。

尽管已经是 9 月，山上仍然有一些小花在开放。这是我第一次仔细观察高原上的花朵，与内地植物相比，很惊奇于它的繁殖器官（花）很大而营养器官（茎叶）却很小，后来才知道这是高原花卉的典型特征。在山顶远眺，青藏铁路就像一条精美的项链，在地表蒸汽的幻影中，弯曲起伏；而青藏公路略宽，反射着阳光，像一条发亮的哈达，蜿蜒地伸向远方。

到了夜间，高原反应变得更加强烈了。我们的房间原本是解放军战士的宿舍，有上下铺 8 张床，是用角铁搭建的，简单而整洁。热心的战士还给我们抱来了几床被褥，打了一壶热开水。坐在硬硬的床板上，我们努力支撑着自己，不知道做一些什么好。这时，师弟建议我们来个“分神大法”——打扑克，或许会缓解高原反应带来的不适。“好！”我随声附和，“前有关公下围棋分神刮骨疗伤，后有博士打扑克对抗高原反应！”于是乎，我们两个人在军营的宿舍里摆开了“战场”。刚开始倒也颇为有效，嘻嘻笑笑间高原反应似乎减轻了不少。可玩了没有多一会儿，新鲜感很快过去了，高原反应又重

垂头菊迎风盛开，香气弥漫

新“占领”了我们的身体！无奈之下只能缴“牌”投降，乖乖地躺到床上去了。此时，我们俩都感到头痛欲裂，虽然很想尽快睡着，却翻来覆去久久不能入睡。想通过聊天让身体松弛下来，可是没聊几句，人就变得愈发疲惫，于是调整好睡姿，想着内地的家人，试图强迫自己尽快睡去。“一只羊，两只羊……”已不知道数了多少只羊了，仍然辗转反侧、目光如炬。我师弟也如同我一样，不停地翻身，不住地大口呼吸。突然，他翻身趴在床边开始呕吐！呕吐得很剧烈，我担心他的身体，打算起来帮他拍拍背减轻症状。然而，我刚一抬头试图坐起，头就猛然一痛，意识也变得恍惚起来，似乎马上就要晕倒，赶紧又躺倒，不敢稍动。听着不停的呕吐声，嗓子一紧，我也要呕吐了。趴在床边干呕了几下，最终没有吐出来。那一晚是我最难熬的一晚，虽然没有到“哭爹又喊娘”的地步，但望着窗外点点繁星，人生第一次强烈地盼望启明星能早些升起。

在一秒一秒的等待中，天终于亮了，高原反应也轻缓了不少。原本我们计划在五道梁住三五天，到附近看看野生动物，可在目前这种身体状况下，我和师弟只能赶紧卷起包裹，匆忙拦了一辆车，狼狈地返回了格尔木。当我

们到达西大滩的时候，高原反应竟神奇地消失了，感觉身体又恢复了活力，好像高原反应从未曾发生过一样。第一次来到可可西里，我们收获了梦想中的美景，也得到了无比痛苦的教训。

来不及在格尔木休整，心里惦记着去秦岭南坡的陕西青木川自然保护区调查川金丝猴的任务，和师弟告别后我急匆匆地坐上了去西安的火车。很快到达了青木川，又有奇怪的事情发生了，我突然得了一个怪病：不可自抑地干咳！坐车咳、走路咳、吃饭咳，甚至睡觉前，都不由自主地干咳着，平均每分钟要咳 10 ~ 20 次。大家都很关心我的身体，纷纷建议我去医院检查。从事野外工作的人，一般的小病小灾不愿意去医院，于是我自己查了一下书，发现原来是得了“醉氧病”，即一种从氧气含量低的高原返回氧气含量丰富地区的低原反应。经过四五天的适应后，干咳不知不觉地消失了，正如它不知不觉地来。

第一次到高原，可可西里就给了我们一个下马威。分析初上高原的经验，总结了六点注意事项，为需要到此做科研或旅行的朋友贡献点经验。其一是出发前要做好详细规划，对可能出现的各种情况做好预案。可以通过咨询、查阅网络和书籍等途径了解认识可可西里，对在可可西里的吃穿住行要有充分准备。其二是出发前口服药物增加抗缺氧能力。在上高原之前的一个星期，坚持每天服用红景天胶囊，可以有效降低高原反应的发生概率以及缓解高原反应的发病症状。其三是不要匆忙上高原。到达格尔木后必须要休整两三天，调整好身体状况，等到适应了这里的气候、饮食，再上高原。其四是初上高原，不要激动，不要剧烈运动。初到高原，看到高原美景，情绪往往会很激动，激素水平上升，耗氧量增加，这些都会加剧高原反应强度；另外，在内地身体强健并不代表在高原不会发生高原反应，因此在高原上行动要缓慢，尽量不要做消耗体力、氧气的事情。能减少活动就尽量减少活动，等身体适应了再适度增加活动量。其五是注意保暖，防止感冒。在高原上感冒很容易诱发急性肺水肿或急性脑水肿，这两种病很容易致人死亡。如果在高原上发生了较严重的感冒，要立即转移到低海拔的地方（如格尔木）。其六是离开高原时警惕醉氧反应。从可可西里返回到格尔木后，最好在当地休整一两天，不要立即返回内地，要让自己的身体慢慢地适应环境的变化。

3　跟着警察去巡山

可可西里自然环境极端恶劣，交通极为不便，不适合人类长期居住，因而被称为“无人区”。尤其是在冬天，当地的最低气温可以达到零下40多摄氏度。但冬季的可可西里也有一个好处，就是不容易陷车。此时的可可西里冰封千里，湖沼冻固，除了高山峡谷，其他地形基本上可以直接驱车通过，因此，天寒地冻的冬季，却是可以深入可可西里的一个好时机。冬季的可可西里看不到任何绿色植物，此时的野生动物分布在哪里？数量有多少？它们如何度过可可西里高原的漫长冬季？带着这些疑问，我们再一次在寒冷的冬季深入到可可西里的腹地进行野生动物考察。

我们来到可可西里保护区管理局，按计划，我们在这里与管理局的巡山队员们会合。每年冬季，保护区的管理人员和森林公安干警都要组成巡山队进入可可西里腹地进行巡逻管护。能与他们一同进入可可西里腹地，我非常高兴，一则他们熟悉可可西里的地形地貌，熟悉可可西里的野生动物，给我们的调查研究带来很多帮助；二则初次进入可可西里便偶遇非法探矿分子的经历，让我觉得跟他们同行人身安全便有了极大的保障！

在出发前召开的碰头会议中，我第一次见到了这些干警，他们是嘎玛才旦队长和他的队员尼玛扎西、拉巴和才仁文秀。他们个个体格健壮，生龙活虎，看着就让人放心；才聊了几句，我就被他们乐观、积极和开朗的性格感染了，大家很快就打成了一片，就像很久未见的兄弟，很是亲切。我们首先讨论了野生动物调查方案，协商了调查与巡山管护工作互相配合的问题。最后，大家一致同意做一个特别但很重要的规定：调查途中万一有队员出现了严重感冒或高山反应，必须第一时间由拉巴负责开车紧急下撤至格尔木。格尔木海拔2 800米左右，无论多么强烈的高原反应，患者下撤到这儿基本上会自动痊

愈；即便急性高原病不能自愈，这里也有经验丰富的医生。出发前，保护区工作人员已经采购好了满满两大车的生活物资。我们到保护区管理局大院时，嘎玛和他的队友们正在将这些物资装到车斗里。车是北京战旗吉普，据说在可可西里，很多价格昂贵的中外名车均“水土不服”，有各种各样的高原反应：或者动力不足，总是病怏怏的；或者车身沉重，容易陷车；或者干脆罢工，机器瘫痪……在可可西里腹地车辆坏了可不是闹着玩的！唯有国产的战旗吉普，动力足、车身轻快，车也皮实，即便有点小毛病也容易维修。另外，战旗吉普最大的优势就是便宜，对于资金捉襟见肘的保护区来说，是无奈、也是最佳的选择。

我们这一队负责调查的区域是可可西里西南部，沿途要经过二道沟、苟鲁错（又称苟仁错），顺着乌兰乌拉山北沿一直到达西金乌兰湖，再以此为大本营，向西南方向抵达青海与西藏的交界处。第二天，各巡山队纷纷上路了，我们这一队也早早出发了，但我们的车刚刚离开格尔木城区没多远，就发现前车停靠在路边。抛锚了！我们的车赶紧在路边停靠下来，嘎玛和尼玛下了

进入一个未知峡谷前的合影（左起：吴国生、尼玛、嘎玛才旦、作者、文秀、拉巴；苏建平摄）

车，围着前车进行修理，我利用这段间歇时间在路边欣赏冬日青藏高原的景色。冬天的青藏高原和9月的高原景观完全不一样，放眼望去尽是枯黄的野草和灰色的高山，没有了哪怕是一丁点儿的绿色。路边驼绒藜的果实毛茸茸的，长满了“小降落伞”，像极了蒲公英，摘一个一吹，一朵朵白色的降落伞随风飘散开来。车很快修好了，尼玛擦着手上黑黑的油污，招呼着我赶紧上车。纳赤台、西大滩、野牛沟……一个个熟悉的地名再次出现在我的眼前，很快就到了昆仑山口，眼看就要正式进入可可西里保护区了。

2004年9月初探可可西里时，我除了兴奋还是兴奋；而这一次是要深入到可可西里腹地，我的心情除了兴奋还多了一丝担忧，兴奋的是我终于一偿夙愿，这次真的可以深入到神奇的可可西里腹地，探究野生动物的奥秘了；担忧的是上次剧烈高原反应的阴影还在折磨着我：“我会不会出现同上次一样强烈的高原反应？万一出现了怎么办？”随着我的胡思乱想，车辆的起伏颠簸开始剧烈起来，恍惚中头开始隐隐作痛了，我开始怀疑自己是否能坚持下来，是否能完成这次调查任务。嘎玛打开了车载音响，车厢里顿时充满了高亢而悠扬的藏歌，尼玛和拉巴跟着歌曲大声地唱着。嘎玛可能察觉到了我的担心，鼓励我也跟着唱。唱着歌，融入到欢乐的集体中，头似乎也不那么痛了，感觉自己还行。望着窗外苍茫的大地，心里更是迫不及待地呼喊：可可西里，我回来啦！

车停在了不冻泉保护站。“不冻泉”，顾名思义在这里有一汪即便是在冬天也不会冰冻的清泉。水温常年保持相对恒定，瞬时出水量也很大，站里的生活用水就汲自这汪清泉。但据说泉水汞含量超标，长期饮用对身体健康不利。下了车，嘎玛他们和站里人员互相拥抱、贴脸，给他们带去家人和朋友的思念。自此每经过一个保护站，我们都要下车和站里保护人员拥抱，我也尝试着像嘎玛他们一样与保护站的人相互贴贴脸，以此传递我对他们的友情和敬意。除了寂寞、孤独，长年在高海拔地区从事巡护工作，对身体也会造成一定的损伤。如果心中没有爱，没有献身精神，是不可能在这里长久工作的。

傍晚的时候，我们来到了二道沟，这是我们沿着青藏公路前进的最后一站，明天就要拐到土路进入可可西里腹地了。此时沱沱河保护站还没有搬迁过来，这里只有零散的几户人家，我们住进了藏族同胞扎西的家里。扎西和巡山队的人很熟悉，热情地搬出了一箱啤酒招待我们。但我们谁都不喝，嘎玛和队员们不喝是因为工作期间他们不能喝酒；我们内地来的是不敢喝，因为这里海拔太高了（大约4 600米）。另外，大家也都知道这箱啤酒来之不易，不忍喝掉。但扎西也有办法，他让他的儿子端着酒杯，站在你面前唱歌，边唱边

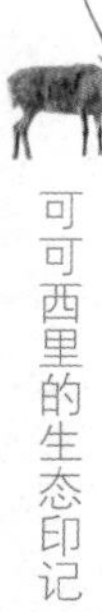

保护站工作人员正在不冻泉汲水

这条路引领作者走进向往的可可西里腹地

敬酒，实在是盛情难却啊！喝完杯中酒，扎西捧着洁白的哈达，把最美好的祝愿献给你。那晚炉火烧得很旺，奶茶咕嘟咕嘟地沸腾着，袅袅升起的蒸汽中，我们围着炉子一首接一首地唱着藏歌，不知不觉中每个人都喝了不少，最后都在微醺中美美地睡了一觉。

第二天一大早，依依不舍地告别扎西一家，我们驶离青藏公路，一头闯入荒无人烟的可可西里，开始向苟鲁错进发。车厢里仍然是藏歌缭绕，我的眼睛一直看着窗外。冬季的可可西里白雪皑皑，像一位纯净高贵的美丽少女，披着一件洁白的婚纱，远处的雪山仿佛是她的白顶小帽。太阳挂在蔚蓝的天空，发出刺眼的光芒，裸露的土地上挺立着片片金黄色的枯草，几头藏野驴突然闯进我们的视野。这时歌声戛然而止，司机拉巴急忙停车，大家各自开始自己的工作。我拿着 GPS 手持机，记录发现藏野驴的位点，接着下车向藏野驴的方向走了几步，记录它们所在的方位角，再用测距仪测量了我和藏野驴之间的直线距离；小吴用望远镜仔细观察，记录藏野驴成体和幼体的数量；嘎玛和文秀仔细寻找附近是否有新鲜的车辙痕迹，如果发现有，就说明有外来人员（最有可能是盗猎分子）进入了可可西里，我们就要跟随着车辙印迹一路追击；尼玛和拉巴则趁这个时候仔细检查车辆。幸好没有发现盗猎分子的踪迹，因此，一阵忙碌后，大家按照原定路线继续前进，歌声再次在车厢里响起。刚到苟鲁错，我们的战旗车又坏了，无奈地停在一座小土山上。凛冽的寒风中，尼玛打开车盖，开始寻找故障所在。厚厚的冬衣碍手碍脚，尼玛干脆脱掉了大衣，等到车修好了，他的手和脸已经冻得红彤彤的。苟鲁错盛产卤虫，岸边还残留有大量过去盗猎分子捕捞卤虫遗留的生产工具和生活垃圾，整个湖岸就像个大垃圾场。我们从不同角度拍了些照片，看我们兴致很高，嘎玛他们建议我们去看看附近的一处“地理奇观”，通过他们的描述，我们大致判断应该是火山岩形成的风蚀石林。大家都很感兴趣，于是刚修好的战旗车在扬起的雪粒中再次奋勇前进，一会儿钻进峡谷，一会儿攀上土山，或者沿着河床、紧紧贴着悬崖前进。渐渐地车越开越慢，随后一个不幸的消息传来：我们迷路了！

车里一下子炸开了锅！在可可西里迷路可是攸关性命的！大家顾不上去看什么“奇观”了，纷纷提出自己的建议：有的要原路返回，有的要硬闯，有的要在附近找路，有的要静待救援。嘎玛很镇静，问我们：“你们不是有 GPS 吗？让它导航。”我们都打开了随身携带的 GPS 手持机，最后还是苏老师找到了西金乌兰湖的位点。救命的 GPS 啊！于是苏老师在我们当前的位点和西金乌兰湖的位点之间画了一条直线，战旗车沿着这条直线笔直地向前开去。

可可西里的夕阳

轮胎轧着冰凌嘭嘭地乱响，战旗车在冻得结结实实、高低不平的草甸上左突右拐，我们的心情也随之忐忑不安。GPS 指引着我们来到了一座小山脚下，山不高，相对高度大约 200 米，但坡度较大，接近 50 度，由于风比较猛烈，山上的积雪很少。拉巴和嘎玛商量了一下，加大了油门向山上冲去。越往上坡度变得越大，战旗车也越来越吃力，发出巨大的吼叫声。为了减轻车的载荷，我们都下了车，跟随着车慢慢往上爬。距离山顶还有 30 米的时候，山势一下子变得更加陡峭，发生滑车危险的可能性也大大增加！车一步一步地开上山容易，但万一发生了滑车，驾驶员和车辆将会面临极其严重的危险。嘎玛急忙跑到车前面去指挥，尼玛和文秀则一左一右各搬着一块大石头，车往上冲一下，他们就赶紧把石头塞在轮胎下，然后再帮忙向上推车。此时，太阳快要下山了，风更大了，路也有些看不清了。我感觉自己快被冻透了，拿出 GPS 手持机一看，发现海拔已经到了 5 300 米。看着尼玛他们搬石头很辛苦，我和小吴赶紧走过去，试图帮着搬石头。哪里知道，我刚搬起一块大石头，心脏立刻变得像是在擂鼓，胸膛憋闷得非常难受，赶紧丢掉大石头，坐在石头上大口喘息，过了良久心脏才恢复平静。此时，战旗车还在努力地向山上挪动，尼玛他们也不停地搬着石头，不停地向上推着车。海拔 5 300 米的高山啊，真佩服他们的身体和意志！之后同行的另一辆也以同样方式挪上了山顶。

终于安全到达了山顶，大家都大大松了一口气，纷纷钻进车里休息。天色几乎完全暗了下来，这是我第一次到达海拔 5 300 米的地方，但也顾不上欣赏山顶的风景了。我们需要赶紧下山，以便找个平缓、靠水的地方搭建帐篷宿营。

匆忙选好宿营地点，一阵忙乱之后，我们住进了“马脊梁帐篷”里。这是一种最简单的帐篷，一根铁杆子支撑着帐篷顶部的横杆，形成一个 T 字形，然后把帐篷帆布边缘尽量向四周拉，即可形成一个圆锥状的空间，这就是我们吃饭和睡觉的地方了。嘎玛安排我们几个内地来的坐在帐篷里休息，但他们却仍在忙碌着：文秀在生火做饭，拉巴在安装发电机，尼玛在修检车辆，嘎玛提着斧头去打水。没错，就是提着斧头去打水的。原来附近有条河，但现在早已冻得结结实实了，需要先用斧头破开冰才能取水。我努力站起来，和嘎玛一起去打水。傍晚的风很大，我和嘎玛佝偻着身子用力地剁着冰。碎冰四溅，很快就看到河底了，却发现河道里根本没有液态的水，河水已经全部冻成了冰。没法子，只能收集碎冰块融化成水了。一番努力后，灯亮起来了，

我们的一个临时宿营地

在海拔 4 700 米的河道上剁取碎冰（吴国生摄）

水也开了，小小的帐篷里有了温暖的气息。营地海拔大约在 5 000 米，水看起来是沸腾的，但温度其实只有 80℃左右。幸好，巡山队员们有经验，携带了高压锅，保证我们有足够沸腾的水可以喝。

这次在海拔 5 000 米的地方住宿是段很糟糕的回忆。没有床，我们只能直接睡在冰冷的草地上，尽管铺垫着厚毡子，但仍然抵挡不了从冻土层里传来的浓浓寒气。为了节省科研经费，购买的睡袋也不是专业的，薄得让人感觉不到一丝温暖，我们只能把军大衣、羽绒衣等一切能压在睡袋上的东西都压在上面方才感到暖和一些。整理好铺位和背包，铺好睡袋，我几乎透支了全部体力，气喘吁吁地坐在睡袋上，准备脱掉衣服钻进睡袋。在内地脱衣服是极其容易的事情，但在高原上却是一件非常吃力的事情，一则衣服原本就穿得多，彼此间紧紧相压，摩擦力很大，脱起来甚是费力；二则晚上高原反应比白天严重，即便是如脱衣这样的轻微活动都让人感觉氧气严重不足。考虑到睡袋太薄，只穿内衣睡觉肯定会很冷，而且第二天清晨穿衣服同样费劲，于是，我干脆仅仅脱掉最外面的羽绒服和裤子，就钻进睡袋里了。然而，即便是躺下来也睡不着，头剧烈疼痛，伴着莫名的兴奋，还要不停地大口深呼吸以弥补氧气的不足，几乎彻夜未眠。

　　终于盼到了天亮，文秀和尼玛早早地起来给我们生火、做饭。起床的时候我的头仍然又痛又晕，但比起昨天晚上已经好多了。接下来的几天，情形基本相似，夜间变强的高原反应弄得我疲惫不堪。每天只有中午吃饭时，趁着反应不那么厉害，才能补个小觉。

　　吃过早饭后，我们收起帐篷，继续按照 GPS 指引的方向前进。穿过一个深邃的峡谷，突然，嘎玛欢呼起来，原来他看到了熟悉的景观！真是幸运啊，我们在误打误撞中竟然找回了正确的路。大家很高兴，心里的石头终于落了下来。此时，我在望远镜里发现远处山脚下有一个白花花的东西，我们决定驱车去看看。原来这是一具巨大的雄性野牦牛头骨。我们很兴奋，从不同角度拍了很多张照片。后来一路上我们遇到很多具野牦牛、藏羚羊和藏原羚的头骨。测量这些死亡动物角的长度、角基周长和环棱数量可以估算它死亡时的年龄大小。有了这些收获，我觉得高原反应似乎减轻了不少。

文秀和尼玛早早起来给大家准备早餐

沿途采集野生动物头骨和肌肉组织材料（吴国生摄）

一路前进一路调查，终于来到了西金乌兰湖畔。我们在湖边搭建了帐篷作为临时大本营，打算在此多住几天，并计划以之为中心做几个不同方向的样线调查。有一天上午九点钟左右，尼玛、拉巴和文秀在营地里修车，嘎玛、苏老师、小吴和我准备开着车到湖东侧去做调查。因为晚上还要返回来，我们把车上装载的物资卸在营地里，但车斗里有两大桶汽油，有 200 多千克，太重了，我们没有卸下。车行进了大约 3 公里，我们到了一个三面环湖的地方，尽管湖面已经冰冻，但嘎玛还是很小心地把车停了下来。接下来在如何行动上我们产生了分歧。嘎玛认为冰况不明，建议原路返回再重新找路，苏老师认为冰冻得很结实，为了不浪费时间可以在冰面上直接通过。我和小吴也觉得返回重新找路的确太浪费时间了，赞同苏老师的建议。于是，3 比 1 通过了苏老师的建议。我和苏老师下了车，站在车头前面给嘎玛做指挥，小吴仍坐在后座上没有下车。为了证明冰冻得足够结实，我和苏老师两个人在冰面上又蹦又跳，冰一点儿要破裂的迹象也没有。嘎玛受到了鼓励，在我俩的指引下，慢慢地挪着车上了冰面。果然没事儿，嘎玛悬着的心放了下来，车继续小心翼翼地向前挪动着。

突然，“嘎啦啦”一声巨响，车后部轮胎首先压碎了冰面，整个车尾部掉进了湖里！没等大家反应过来，紧接着前轮胎也跟着压碎了冰面，整个车身完全掉进了湖里。原来车斗里放的两大桶汽油太重了！不过万幸的是，战旗车车身轻，虽然掉到了湖里，却不立即下沉。嘎玛试图打开车门逃生，却怎

战旗车掉进了湖里（苏建平摄）

么也打不开。原来车只是压碎了比车稍微大一点儿的冰面，车门被没有碎裂的冰面挡住了。大概由于电线短路吧，战旗车开始不停地发出刺耳的报警声，把紧张的气氛推向了高潮！

2012 年 2 月 19 日，陕西省地质矿产勘查开发公司三名队员在米提江占木错（又称赤布张错）附近进行野外作业时与大本营失去了联系，虽然救援人员多次进入事发地区进行地毯式搜救，但一直没有找到失踪队员。据我在可可西里从事科研工作的经验，他们的遭遇很可能与我们那时的状况一样，三名队员驾车在冰面上行驶或驻留时，不慎掉入了湖中，再也没有出来，把他们宝贵的生命永远留在了青藏高原！但他们为事业勇于奉献的精神却照耀着我们每一个人！

见车门被冰面挡住，嘎玛急中生智赶忙摇下玻璃从车窗爬了出来，此时小吴已经由后排座移动到了副驾驶座，打算也从车窗中爬出来。“枪！我的枪！”嘎玛冲着小吴大喊，让他把遗留在车内的枪支拿出来。寒冷的冰水正一股股地流进车内，很快淹没了车底板，刺耳的报警声仍在歇斯底里地叫着，车在冰水中摇摇晃晃。小吴面临危险沉着冷静，很快拿到了枪，从窗口递了出来。“记录本！记录本！”我猛然发现调查记录本还安静地躺在后排座位上，于是也冲着小吴大喊。此时车在冰面上半浮半沉，我牵挂着记录本，但更揪心小吴的安危。听见我的喊叫，小吴转身也看到了记录本，于是再次爬到后排座取了记录本，又爬回到副驾驶座，先把记录本从窗口递给我，然后人才奋力爬了出来。真是大无畏的吴国生啊！如果记录本被水浸泡而丢失了科学数据，我们这次调查活动也就失去了意义，没有他的忘我精神，这次调查活动所花费的一切努力都将归于零。

看着浮在冰水中的战旗车，我们一筹莫展。最后还是嘎玛最先恢复了冷静，他让我徒步回到营地求援，其余人留在现场想办法拖出车辆。听到他的指派，我毫不犹豫立即出发。此时接近中午，在海拔 4 600 米的高原腹地，我独自一人迈开大步急速向 3 公里外的营地进发。经过几个起伏的小土丘，回头就看不见嘎玛他们了，此时我才感到有些害怕。陌生的高原环境，起伏的山丘或许隐藏着某种危机，我后悔忘记带着嘎玛的枪了。阳光暖熏熏地照着，人走得很急，身上越来越热，汗水很快浸透了内衣。

翻过一个土丘，突然发现有 5 头藏野驴正愣愣地看着我！原来我的脚步声早已打扰了它们，大概是发现只有我一个人吧，这群藏野驴没有立即跑掉，其中有一头反而向我走近了几步。别看藏野驴是食草动物，但它们的门齿非常发达，发起飙来也会咬人、踢人的，甚至会咬死人。距离如此之近，我不

禁暗暗为自己捏了一把冷汗！静静地望着它们，我动也不动。僵持了两三分钟，为首的那头藏野驴尾巴一甩，昂着头向远方跑去，另外 4 头也跟着跑掉了。望着它们远去的背影，我是既安心又担心，安心的是眼前的危险解除了，担心的是连绵不绝的土丘后面是否还隐藏着其他危险呢？会不会猛然间跳出一只大棕熊？或者是一群狼？

在一路焦急和心悸中，我赶回到了营地。尼玛和拉巴正在检修车辆，听我述说完，急忙带了钢钎、钢丝绳、绞盘等前去救援，留下我一人独守营地。没有卫星电话，没有对讲机，我得不到他们的任何信息。今天的时间似乎走得格外缓慢，我几次登上附近的一座小山丘向湖泊方向瞭望，却总是失望而回，他们能顺利拖出车吗？不会再发生什么危险吧？即便拖出了车，它还能开动吗？焦急而忐忑的心情折磨着我，这种滋味真难受啊！

太阳已经压在地平线上了，嘎玛他们才拖着车返回到营地。湿漉漉的衣服、疲惫的眼神和七歪八扭的绞盘，昭示着他们付出了巨大的努力。看着被冰水浸泡过的车，我心里悲观透了：现在仅剩下一辆车能使用，继续调查看来是不可能了！目前的状况只能让两个人开着车返回到青藏公路寻求救援，其余的人只能在西金乌兰湖畔住下等待救援。一来一回至少要耗时六天，而我们仅剩下四天的给养了！被困在这大高原腹地，生死难料啊！

简单休息了一小会儿，尼玛他们几个围着车连夜在灯下进行修理。晚风冰冷刺骨，看着他们被冻得通红的脸和手，我不禁打了一个寒战，我也帮不上什么忙，只好钻进帐篷睡觉了。但心里还在暗自嘀咕：车都这样了，如果能在这里修好，那可真是奇迹了。第二天早晨起来，看见尼玛他们已经早早起床了，围着车继续修理。“突、突、突……”快到中午的时候，我在帐篷里突然听见了熟悉的车辆欢唱声，奇迹果然出现了，我们的战旗车竟然被尼玛他们修好了！

“万能的尼玛！”看着满手油污的尼玛，我不由自主地从心底发出欢呼。一路上车辆总是出现各种各样的

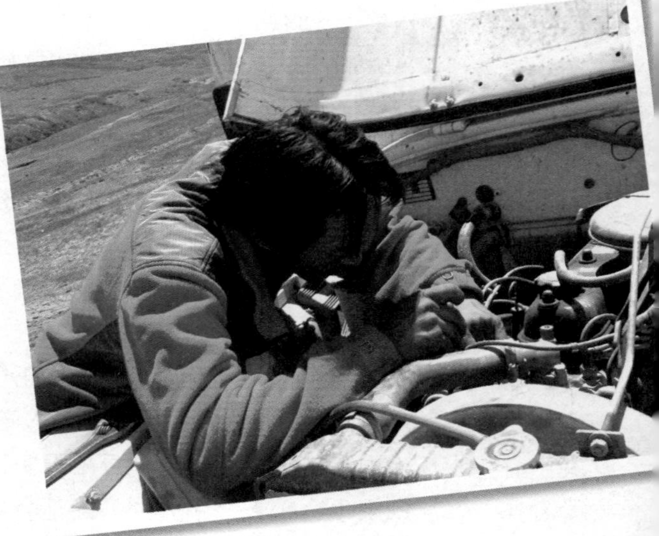

“万能的”尼玛在修车

毛病，但只要尼玛鼓捣一会儿，车就又会神奇地开动起来。想不到这次车受到这么大的损坏，尼玛仍然能让它“复活”！至此，每次再见到尼玛时，我总是喊他：万能的尼玛！如今，无论我在哪里做研究工作，每当车辆在野外抛锚时，我就不禁会想起尼玛和他的战友们！

在可可西里做科学研究，危险就像隐藏在阴暗角落里的猛兽，如果你轻视它、忽视它，它随时会向你猛扑过来，给你带来科研和生活上的不便，或造成身体和精神上的伤害，甚至会夺取宝贵的生命。因此，在野外做科学研究，一定要自始至终保持高度的警惕，对可能出现的各种危险情况要有预见性，并针对这些危险做应对预案；同时，在研究过程中，宁肯损失些时间、资金和体力，也不要轻易尝试冒险。如果当时我们选择返回到出发地，另选安全的道路，尽管会耽误一些时间，但人车落水的危险就可避免。幸运的是，湖水并不很深，盐湖的浮力也相对大些，我们有惊无险。但野外科学工作者不能期望、依赖幸运之神永远眷顾！因此，不轻易冒险、对潜在危险的判断与预见和对危险出现后的处理预案是野外科研工作者从事野外科学研究的三大基本安全原则。

4 我的日常生活

青藏高原被称为“世界屋脊”，这里海拔高亢、太阳辐射强、气压低、气温低、风沙大，这些恶劣的自然条件给野外科研的日常生活带来极大困难；同时，野生动物大多生活在人迹罕至的崇山峻岭或者“无人区”中，科研人员的日常物资补给也很困难。因此，每次出发前，我和伙伴们都要花两三天的时间，准备各种后勤给养，包括食物、燃料和日常生活用品等。但车辆的空间毕竟有限，放置完必需的研究仪器后，剩余的空间已然很小，不允许我们再放置更多的给养，因此在野外我们会优先选择住在保护站或者当地牧民家里。

大家齐心合力搭建宿营地（崔庆虎摄）

不能带走的生活垃圾做焚烧、掩埋处理

给我印象最深的是在可可西里卓乃湖帐篷保护站度过的日子。那一次是夏季的可可西里之行，在经历了大半天的颠簸、陷车和尘土的洗礼之后，我们终于来到了卓乃湖畔。一下车，浑身像散了架似的，走路极为不稳，晃晃悠悠的，好像还在车里颠簸着。这里平均海拔4 800米，宿营地的海拔略低些，但也有4 700米。尽管我们几个来自内地的科研人员都已经算是“老高原”了，但还是感到了或强或弱的高原反应。我做了几个伸伸腿扭扭腰的活动，顿时感到有些胸闷气短，头也开始隐隐作痛。看着赵新录站长和他的队友们开始搭建帐篷，我们几个也不好意思休息，大喘着粗气过去帮忙，哪怕是递个扳手，传个绳子也好。“众人拾柴火焰高”，赵站长他们轻车熟路，三下五除二地就把几个帐篷搭建好了。“麻雀虽小，五脏俱全”，我们的宿营地卧室、厨房、储藏室一应俱全，赵站长还在下风口的不远处挖了一个大大的坑作为垃圾场，并一一提醒我们要把所有的生活垃圾都投到这个垃圾场里，调查结束后会将垃圾焚烧殆尽，最后做掩埋处理。

7月的可可西里，9点多钟方才日落，10点钟天才会完全黑下来。我穿上羽绒服，外面再披上一件厚厚的军绿色棉大衣，到帐篷外面看星星。这里没有城市灯光的污染，没有喧闹的噪声，甚至也不会有鸣虫来扰乱你的观察。一个人静静地坐在石头上，掏出许久未翻动的书，抬头仰望着夜空，独享属于自己的兴趣。这是一本看天空识星座的书，很久之前购买于杭州，但在杭州却毫无用武之地。可可西里的夜空呈现着一种纯粹的明净，亮晶晶的星星，满满的，没有留下一丝空隙，粗略一看某处好像没有星星，但定睛细看，却总能找到若隐若现的星星在向你窥视，好像害羞的女孩用黑纱蒙住了头却蒙不住多情的眼睛。对照着书，我找到了北斗星、牛郎织女星等好多优美传说里的星星，也找到了巨蟹座、射手座等西方故事里提到的星座。凝视着美轮美奂的天空，感觉亮晶晶的星星离我越来越近，仿佛只要站起来伸手就可以摘到一样，我心里暗暗地庆幸：“比起杭州，这里距星星近了4 700米。”

慢慢地起风了，即便是盛夏季节，可可西里的夜晚仍然寒冷刺骨，虽然

羽绒服外还套着棉大衣，但长时间待在外面我还是感到寒冷，不得不钻进帐篷。风越来越大了，猛吹着口哨，用力拍打着帐篷，我总有一种帐篷随时会被连根拔起的感觉，赵站长却处之坦然，不停地安慰我：帐篷四周已经被他们用土块压实了，还钉了地钉加固。赵新录是卓乃湖保护站的站长，也是一名老巡山队员，对整个可可西里地区，尤其是卓乃湖的气候、地理地貌和野生动物非常熟悉，他对我们这些科研工作者的工作也非常支持，对人热心，我们很快就成了好朋友。虽然我是个研究野生动物的博士，但对于高原极端环境下野生动物的行为习性我向他请教得也比较多。因此，听了他的话，我心里安定下来，对外面的呼啸声渐渐地也充耳不闻了。第一天的晚饭是方便面，每人两包，一会儿工夫帐篷里就弥散着香喷喷的方便面味道。帐篷里住了四个人，我、小吴以及赵站长和他的队友詹江龙。詹江龙生起了炉火，炉上煨着"熬茶"。这是高原特有的一种饮茶方式，将茶的叶子、嫩枝混合在一起制成茶砖，然后取一小块茶砖煮沸或用沸水冲开，饮用前再加上牛奶和一点儿细盐，味道香、甜、咸，对高原反应有一定的缓解作用。不一会儿沸腾的水蒸气哧哧地冒出来，

在牧区几乎家家房檐下吊挂着风干肉

调查结束后，赵新录站长向卓乃湖告别

帐篷里顿时变得暖和了。门帘一掀，临近帐篷里的人进来串门，大家围着火炉，喝着熬茶，尼玛还特意在我的茶里多加了些牛奶，感觉味道好极了。詹江龙不知道从哪里搞来了几条风干肉，帐篷里顿时热闹起来，赵站长和他的队友们起哄似地争抢着，抢到了就急忙塞到嘴里大嚼，好像吃到了人间最美的食物一样。尼玛送了我一小条，我可不敢像他们一样生吃，还是乖乖地放到火炉上烤熟了才吃，味道的确不错。尼玛站在我旁边心痛得直搓手，连连说："可惜了，可惜了，风干肉这么吃太可惜了"。帐篷里愈来愈暖和，大家的体能也慢慢恢复了，一些人开始侃大山，天南海北，奇闻珍录，无所不有。我也向赵站长及他的队友们咨询了一些关于卓乃湖、藏羚羊、盗猎的事情，他们讲得津津有味，我们也听得入了神。

风吹得越来越猛烈，沸水咕嘟咕嘟的声音和着强风撞击帐篷的节奏，我怎么也睡不着。为了节省有限的科研经费，我们购买的床是最便宜的，是用一次性胶合板做成的床，散发着阵阵劣质胶水的味道，熏得我很难受。不过有床可以睡我已经很满足了，跟着巡山队员一起巡山的时候，连床也没有，只能直接睡在冰冷潮湿的地面上，睡觉时大家只好紧紧挨靠着互相取暖。刚躺下，我的头又开始隐隐作痛了，看来高原反应还没有完全消退，害怕再出现如初次到可可西里时的强烈反应，我试图强迫自己尽快睡着，心里默默数

更多的时候连床也没有，只能睡在冰冷潮湿的冻土上

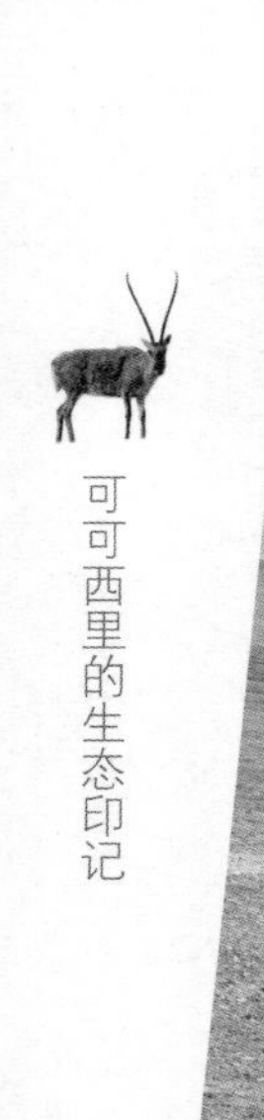

一个帐篷被强风吹得四仰八叉，构件散落一地

着“一只羊、两只羊……”，可似乎没有任何效果。在不知不觉中风渐渐减弱了，炉火熄灭了，煮水声也沉寂了，不知何时，我也睡着了。

清晨醒来已是艳阳高照，听见赵站长和队友们在外面忙活着。一骨碌爬起来，头却猛然晕了一下，只得放慢节奏，缓缓地摸到衣服，缓缓地穿上，缓缓地下床，静静地坐在床边适应了好一会儿，才慢慢地走出帐篷。昨夜的大风把我们搭建的一个帐篷吹翻了，蓝色的帐篷被吹出去好远，四仰八叉地躺在地上，铁杆子等构件散满一地。可可西里风大可不是吹牛的，据统计在可可西里平均风速为 5 ~ 8 米 / 秒，最大风速记录更是达到了 28 米 / 秒，相当于沿海地区强热带风暴的风速。我赶紧过去帮忙捡拾构件，重新把帐篷搭好。赵站长他们又对所有的帐篷再次进行了加固，还在帐篷四周挖了防水沟。他们还做了一项特别有意义的工作，就是用彩色布条在地面上规划好了行车道、驻车区等，避免车辆乱轧草地。要知道可可西里的生态系统是非常脆弱的，极容易受到破坏却又很难恢复。这些花花绿绿的彩条，也为营地增添了不少色彩和人气。

“我有一个太阳！”一声大喊把我们都吸引了过去，是摄影师巴特尔，他正高举着一块圆圆的冰盖子，兴奋得像个孩子。原来他正准备洗漱，却发现昨夜遗留在脸盆中的水已经被冻成了冰盖子，这可是可可西里的盛夏季节啊！

“我有一个太阳！”

天气晴朗时，白天的温度可以高达25℃，到了夜晚温度则低到零下10多摄氏度，甚至零下20多摄氏度。看着这个圆圆的冰盖子，我不禁用力裹了裹衣服。

做饭和打扫卫生，我们实行的是值日制度，每人一天。今天正好轮到吴国生值日。小吴来自于西宁青藏高原野生动物园，专业素养高，脾气好，又特别热情。小吴的厨艺非常好，做的饭菜获得大家的一致称赞，他一高兴，连续几天的饭菜也都由他包了。我的厨技仅限于把方便面做熟的水平，为了不让队员们吃我做的难以下咽的食物，只好央求小吴代我的班，他二话没说，一口答应！曹伊凡老师来自中国科学院西北高原生物研究所，也是个热心人。他看小吴正在准备做饭，就主动拿起锅碗瓢盆去河边洗刷。我最喜欢的就是小吴、曹老师这样的热心人，当然我也同样热心地对待身边的每一个人。野外考察，自然条件恶劣，生活条件也极其简陋，大家只有真诚相待，互帮互助，才能克服一个又一个的困难，这也是我喜欢到野外做科学研究的原因之一。

我们的营地毗邻一条河流，这条河在地图上没有标注，我曾经问赵站长它的名字，赵站长告诉我它叫“雪水河”。后来才知道，可可西里有很多条“雪水河”，因为这些河流本就没有名字，但它们都发源于雪山冰川，是冰雪融化后形成的季节性河流，因此就统一称为“雪水河”了。这些雪水河有一个特点，

小吴是个热心人，任劳任怨地为大家服务

即上午水量少，河床窄，最狭窄处可以抬腿轻松迈过，此时小河静静地流淌着，像羞涩的少女；但到了下午融化的冰川雪水裹挟着泥沙而下，河水变得汹涌浑浊，仿佛化身为挥舞着斧头的武夫，河床也变得宽阔起来，挡住了我们返回的路，只能沿着河岸向上游走，期待找到一个相对狭窄处，借助于小跑，身体腾空，冒着落水的风险方能过河，这也算是在可可西里的一种“体育运动”吧！

我跟着曹老师一起来到河边，拿着碗刚一入水，立刻打了一个激灵，这河水异常冰冷！“不愧是来源于雪山冰川的水啊！”我和曹老师说笑着，手渐渐地适应了雪水的温度。我突发奇想，要蹚蹚这条河，亲密接触一下从雪山冰川身体里流出来的水。“我将是赤脚蹚过这条河的第一人！”我大声地向曹老师宣告，根本不理会他的劝告。河床上的砂石细细的，脚踩在上面一点儿也不硌得慌，我还不时向曹老师撩动水花，鼓动他也下来。但也就不到一分钟的时间，刺骨的冰冷直往骨头里钻，仿佛要凝固我的整个身体。不敢再逞强了，我逃到岸边使劲搓揉着麻痹的脚趾头，曹老师看着我狼狈的样子，哈哈地笑着。夜晚回到营地，大家严肃地批评了我，还强迫我喝了一大碗姜汤。在高原深处得了感冒可不是件好事，不但危及自己的生命，还要动用车和人送回到格尔木，耽误整个队伍的工作计划。

对于雪水河，且行且跳跃

我们的队伍是清一色的男同胞，“方便”的事情相对好解决，但赵站长还是坚持要建一个厕所，我也坚决支持这个决定。记得有一次在都兰做野生动物调查时，我们没有及时在营地附近建厕所，大家率意而为，没过几天，营地附近竟然到处都是粪便，不但有碍观瞻，也不利于环境卫生。其实，在野外建个厕所也很简单，挖个狭长的深坑，垫上两块踏脚石，围一圈彩色布条即可使用，也可以就地取材用茅草、树枝叶等进行遮掩。最好在厕所里放一把铁锹，方便完后用土及时覆埋，非常卫生。如果队伍里有女生，就在厕所附近放一个棍子，有人要方便了就把它插立在地上，结束后再将之放倒即可，我们把它戏称为“消息棍”。

长期的巡护生活，使得保护区的工作人员都有一颗坚强的心和乐观的精神。当你百无聊赖地躺在床上看书时，或者凝想内地的灯红酒绿时，营地空地上就会传来欢快的音乐声与舞蹈声。一个人、两个人、三个人……平日里硬线条的巡山队员们组成不同的队形，踏脚、抬肩、张开双臂，或学雄鹰翱翔，或仿赛马挥鞭，给枯燥的高原生活带来欢快的色彩，尤其是那种积极乐观的精神特别具有穿透力和感染力，不知不觉中，你也有了欢歌舞蹈的冲动！抑

可可西里的雪水河不愧是从雪峰上流淌下来的，真冷啊！（吴晓军摄）

宿营地的重要附属建筑——野外厕所

或一个阴沉的午后，大家在埋怨着糟糕的天气时，一缕清澈的口琴声从帐篷里传了出来，化解了大家的消沉，这是木玛扎西给大家带来的精神抚慰。回忆这段往事，我感到非常幸运，在荒凉的无人区能有这样的队友是件多么幸福的事，他们任劳任怨，默默地为我们提供着后勤和安全保障，他们是可可西里最可爱的人！

个人生活方面，最大的问题是洗澡。我们带来的燃料有限，高原上气温低、温差大，洗澡变成了一件奢侈的事情，不得已大家放弃了洗澡的习惯；此外，洗脸这个生活程序也被我异常简化了！每次从野外回到营地，风尘满面，也只是用湿毛巾象征性地粗略擦拭一下。多年的野外经验告诉我，汗水混合着可可西里的风沙形成了一层保护膜，这就是可可西里的“防晒膜”，对于抵御高原强烈的紫外线，它可比任何市售的防晒霜要有效得多。崔庆虎博士是个爱干净的人，每天出发前以及调查归来都要细细地盥洗一番，在脸上涂上厚厚的防晒霜。他总嘲笑我不讲卫生，我反击他说可可西里没有污染，即便是风尘也是干净的，他只是笑笑，却并不相信。调查结束返回格尔木后，我们一行人到桑拿房里美美地洗了个澡。洗好后照镜子一看，我的脸由黑黢黢变回了白净净，恢复了上高原之前的颜色；反观崔博士，经过近一个月的风吹日晒，他的脸已然变成古铜色了！

与可可西里比较起来，在都兰做研究生活条件就要好得多。在都兰，我主要寄住在当地藏族向导家里。其中一位向导的名字叫三科，是个 30 多岁的藏族同胞，整个村子里他的汉语说得最好。当地牧民淳朴、好客，纷纷邀请我到家里做客。糌粑、酥油茶、酸奶、曲拉、馍馍和手抓肉是藏族同胞必不可少的待客食物。女主人不停地劝我多吃，不停地端上来各种精美的食物，一会儿我眼前的食物就堆放得像座小山。在众多的藏式食物中，我最喜欢的是酸奶。这里的酸奶是用新鲜牦牛奶发酵而成，没有任何添加剂，口味纯正，营养丰富。热情的女主人往往会在上面加上一层厚厚的白糖，吃起来酸酸的、

尼玛在尽情舞蹈，给枯燥的高原生活带来欢乐！

木玛扎西清澈的口琴声带给了大家精神抚慰

甜甜的、凉凉的，真是一种享受啊！刚到青海的时候，我不习惯喝酥油茶，感觉拌糌粑也费事儿。但几年下来，现在的我到青海是必吃糌粑、必喝酥油茶了，尤其是酥油茶，自有一股清香，自有一份味道。高寒草地出产的羊肉和牦牛肉品质相当好，刚端到桌子上，诱人的香气立即满屋弥漫。在内地不喜欢肉食的我，每每经不住这香气的诱惑，索性大快朵颐。当地牧民们非常热情，有时还拿出一种黄黄的肉给我吃，其实就是大堆的脂肪。主人已经端来了，不吃显然是不礼貌的，我只得赶紧主动挑个瘦瘦的肋骨来吃方才罢休。不过，有一样食物我是万万不敢尝试的，就是当地藏族同胞做的“血肠”，在羊肠中放入肉糜，煮到七八分熟即可食用，此时血液似乎还没有完全凝固，看着他们狼吞虎咽的幸福样子，我却不敢品尝，肠胃享受不起啊。

我的另外一位向导叫玛玛，汉语说得也不错。记得有一次住在他家里，没过几天感觉肚子胀胀的很不舒服，看着满桌子的饭菜却吃不下去。自我诊断可能是消化不良，估计是天天上山工作饮食没有规律所致。于是我问玛玛家里有没有白酒，偏偏他不饮酒，家里没有。最后还是他媳妇找到了过年招待客人时剩下的半瓶酒。于是，我斟上满满一大杯，开怀畅饮起来。果然，几杯白酒下肚，胃口大开！所以我有个建议：做野外科学研究的要会喝点酒，既方便与当地人进行情感交流，也可以治病，还可以给伤口消毒。

海拔 4 500 米一个藏族牧民家里的储藏室

热情好客的藏族同胞让我大快朵颐！

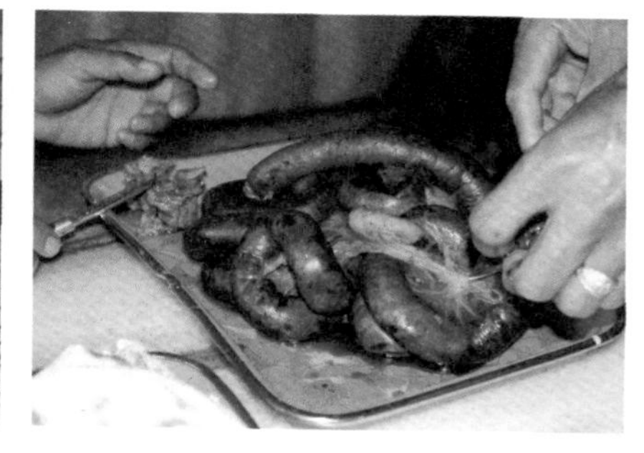

当地藏族同胞做的“血肠”，七八分熟，此时血液似乎还没有完全凝固

不过，藏汉饮食的差异有时也会闹出笑话。我平时吃肉喜欢蘸点芥末，有个小阿卡（和尚）看我每天吃饭时都挤出一点儿绿绿的东西，以为我是在补充维生素呢。有一天他跟我说他也想尝尝，我给了他并告诉他不要一次性吃得太多。第二天他跑过来跟我说，吃了我的东西后“感觉像死了一次”！我大吃一惊急忙问明原因，原来可能是语言隔阂吧，我的话他没有听懂，回到家后他往嘴里挤了大大的一堆芥末，辣得他喝了很多水才缓解过来。我很后悔我的粗心，于是要教他如何吃芥末，可是小阿卡却怎么也不肯学了。

藏獒是世界上最大、最凶猛的犬类之一，是当地牧民防备野生动物偷食家畜的好伙伴。几头年轻体壮的藏獒甚至可以和藏棕熊做殊死搏斗！然而，在沟里乡做研究期间，我竟然和一只藏獒有了一次“亲密接触”。当时我住在向导拉热家里，有一天想到对面的山上看岩羊。由于路很近，我就让拉热在家休息。带上必要的观察设备，背上登山包，我独自一人上山了。研究过程进行得很顺利，在傍晚 7 点钟左右我下山回家。快到门口时，看见拉热家的一只藏獒在附近蜷着昏睡。往常我和拉热一起进进出出家门时，它总是安静地躺着，从来没有向我吠叫或者有什么特别的表示。于是我便忽视了它的存在，毫不在意地信步往家门口走去。突然间，我听到了一声深沉的狗吠声，急忙转过头，发现这只藏獒已猛然向我扑来！这是只成年藏獒，肩高足足有 80 厘米，健壮得像个小牛犊。它低沉地吠叫着显得很生气，大概是在生气我居然敢忽略了它的存在吧。此时我脑后发凉，感觉头发噌的一声竖立起来，体会到了什么叫“惊”发冲冠。归功于常年野生动物调查研究的经验，短暂发懵后，我立时反应过来：口中大声吆喝着，同时用脚猛踹。吆喝既有阻吓之意，又有召唤援兵之用。见我反抗激烈，这只藏獒很聪明，不从正面攻击我，总是试图绕到我的身后，我也急忙跟着它绕，不停地吆喝，不

我就是被这只藏獒攻击了！

停地猛踹！可是厚厚的军大衣、沉重的登山包和胸前叮叮当当的照相机和望远镜使我转身不便，加上体力早已在山顶上耗尽，根本跟不上藏獒的转动速度，最终脚下一绊，自己把自己转倒了！倒地的瞬间，我分明感到了一股绝望！我知道倒地意味着什么！幸运的是，藏獒见我倒在地上了，它反而并不急于进攻了。事后才知道，原来这只藏獒已到了迟暮之年，它大概只是很生气我居然敢无视它的存在，攻击我的目的只是想向我证明一下它的存在价值而不是想让一个年轻的博士命丧高原吧。此时拉热一家也寻声冲了出来，大声吆喝之下，这只藏獒迈着胜利的步伐摇摇摆摆地去了。拉热拉起我，一个劲地夸我运气好，如果攻击我的不是这只年老体衰的藏獒而是家里的另外一只壮年藏獒，大概我就真的成为第一个命丧獒口的野生动物生态学博士了。

回忆起我在青藏高原做科研的日常生活，日子过得简单而艰苦，但人却非常开心。主要是因为我是一个对生活要求简单的人，对物质财富的积累并不敏感。我崇尚自由的环境，率真的个性，善良的为人和坦诚的人际关系。当前社会上有一些人热衷于追求个人利益最大化，但作为一名科研工作者，我时刻提醒自己要超脱物外。人生的意义在于体验、经历、探索和感受，我的人生不是为赚钱而来，也不是为积利而来，赚钱、积利犹如老庄所言的蝇头蜗角，我又何必使我的人生蝇营狗苟！

曾经也有人劝我把工作重心放到内地来，但我却知道自己已经离不开那片高原了。那是离天更近的地方，没有繁文缛节，却有坦诚率真的乡民，有生死相依的兄弟，更有那群我挚爱的野生动物朋友！

5 陷车进行曲

从格尔木出发，沿着青藏公路（109 国道）一路上行，行进大约 160 公里即可到达昆仑山口。公路的路况尚可，如果运气好没有遇到修路堵车的意外，大概 2 个小时即可抵达。从格尔木到昆仑山口以及可可西里的各个保护站是没有公交车可以乘坐的，只有从格尔木到拉萨的大巴中途停靠在昆仑山口等有限的几个地点，供乘客短暂休息和拍照，即便是这样的大巴运能也严重不足，每天只有两三个班次。再说，即便乘坐大巴到达了昆仑山口或保护站，没有自己的车辆仍然没有办法进入可可西里腹地，更不用说开展工作了。因此，在可可西里地区做科研，依靠走路、骑自行车、骑摩托车、乘公交、搭便车等交通方式都是不现实的，必须要租车。

在可可西里地区开车与在内地开车有着不同的要求，如果驾驶员没有在可可西里开车的经验，仅凭在内地行车的经验就贸然驶入可可西里腹地，就有可能面临危险，有时甚至是生命危险！进入可可西里进行科学研究用车、开车是有一定要求的：要求一，车必须是底盘高的越野车，“城市 SUV”等伪越野车是不能进入的；要求二，如果研究工作沿着青藏公路即可完成，那么有一辆车即可，但决不允许车辆离开公路行驶；如果要深入可可西里腹地，那就至少要有两辆车一起进入；要求三，进入可可西里腹地的两辆车中前导车必须由经验丰富的可可西里保护区管理局工作人员驾驶，而后车的驾驶员要万分小心，尽量压着前车的车辙行驶，如果偏差太大，就很可能会有陷车的危险。这是为什么呢？

这是由可可西里独特的气候条件和地质条件造成的。可可西里地区年平均降水量少（仅 173 ~ 495 毫米），但降水集中（约 69% 的降水集中在 6 ~ 8 月），雨季和干季分明。此外，可可西里 90% 以上的地区属于永久冻土区，冻土层

厚 40 ~ 120 米，温度常年保持在零下 1 ~ 4℃。夏天土壤温度升高，表层冰冻融化，形成 1 ~ 4 米深的地表融化层，加上降雨集中，土壤含水量升高，变得阴湿松软，因此有人开玩笑地说冬季的可可西里是一个大冰坨，夏季的可可西里就是一个大沼泽！夏季强烈的阳光直接照射在土壤表面，地表的砂石和黏土结了一层薄薄的硬皮，看上去很坚硬；此时，如果没有外力扰动，土壤仍然保持原有的平衡和形态，一旦有车辆驶入，巨大的重量会破坏土壤表层的硬皮和内部的平衡，即可发生陷车事件。因此，夏季的可可西里是最难进入的。冻土不单影响车辆进入可可西里，对施工工作也有影响。2013 年夏季，可可西里保护区管理局对原有保护站房屋进行更新改建，钢管打入土壤仅仅几米后就遇到了永久冻土层，冻土层冻结得如同混凝土一般坚硬，最后还是从格尔木调运来功率更大的打桩机才解决了问题。此外，可可西里的道路受气候的影响也很大。从不冻泉到库赛湖有条土路，是巡山和到卓乃湖进行藏羚羊救护的必经之路，因长期的融冻、风化和雨水冲刷，路况很差，可可西里保护区管理局曾经做了多次修整。修整后的土路路况非常好，依照巡山队员的说法：这条路变成了“可可西里的高速公路”，但仅仅经过一个冬天的融冻和夏天的雨水冲刷，这条土路又恢复了原来的模样，投入的物力、财力和人力全打了水漂。

在可可西里经常会遇到糟糕的路况（吴晓军摄）

可可西里的路完全属于“世上本没有路，开的车多了也就成了路”。那些长期受到车辆碾压的土地会慢慢变得硬实，反过来，土地变硬实后越来越多的车会选择在这里通过，土地就变得更加硬实了，通过这种“正反馈”效应，路就慢慢形成了。所以，在可可西里开车时预防陷车有个小窍门：尽量沿着车辙走，哪怕这是个老旧的车辙。因为进入可可西里的车辆很少，被压实的土地宽度往往仅限于车辙宽度，所以在行车时要尽量压着前车的车辙。此外，进入可可西里腹地必须至少有两辆车同行，前一辆如果不幸陷车，后车可以用绞盘等拖车工具将前车拖拽出来。但如果前车陷得太深，或载重过大，在拖拽时往往会将绞盘损坏，那就只能靠人力将车挖出来了，那将是一个非常巨大的工程！

基于此，对进入可可西里腹地的车辆本身也有相应要求。其一是要求车辆自身重量要轻，或者尽量少装载货物，以便减小陷车的概率。其二是要求车辆底盘高，扭矩大，具有优越的可通过性。可可西里地区因冻土层长期冻融作用在地表形成了诸多冻胀丘、冻胀石林和石河等，只有高底盘的车辆才能顺利通过。其三是要求车辆必须有四轮驱动功能，以便在陷车的瞬间能够快速通过，否则会越陷越深，仅有后轮驱动的车辆就很危险了。其四是车辆要携带必要的陷车自救设备，如绞盘、钢丝绳、千斤顶等，还要带上几把铁锹，以便设备失效时，依靠人力挖出车辆。如果车上有足够大的空间，也可以携带诸如钢板、木板和竹编等工具以便在陷车时使用。北京 212 型吉普车重量轻、底盘高、四轮驱动，还可以加装绞盘等设备，深受巡山人员的喜爱和信任，目前是可可西里保护区管理局巡山的主力车辆。

同时，要求驾驶员和同行者也要有一定的陷车自救能力和野外生存能力，尤其是进入没有路的地区，陷车是不可避免的。因此，出发前应制定好陷车后的应急预案，准备好必要的设备，还要在车内储备足够的食物和饮用水（至少要储备比计划天数多 3 天的食物）。陷车后，不要责怪驾驶员，大家应同心协力进行自救，不到万不得已不要弃车徒步！可可西里保护区管理局的尕玛英培告诉我，有一次他们在太阳湖畔进行巡山任务，因为不停地陷车，不停地挖车，短短的 20 公里路程，他们花费了整整 3 天时间！晚上就在车边简单地搭个帐篷休息。这样的事情对于可可西里巡山队员来说，几乎每次巡山都会遇到，挖车时付出的劳动强度很大，但更折磨人的是焦急的心情和无助的感觉。因此，即便是有丰富行车、陷车、挖车经验的巡山队员，也是谈陷车色变！

即便研究工作是在青藏公路附近进行，也要注意陷车的危险。2009 年暑期我和南京大学李忠秋博士、江西师范大学李言阔博士，还有可可西里保护

在可可西里开车，携带必要的陷车自救设备很重要

区管理局的工作人员尼玛一起到青藏铁路楚玛尔河野生动物通道附近调查动物。因为根据研究计划只需要在青藏公路上开车，我就只租用了一辆车，由尼玛驾驶。那年楚玛尔河的水量比较大，红彤彤的水缓缓流动着，布满了整个河床，湛蓝的天空浮着丝丝缕缕的白云，景色真的是极美。我们正在欣赏风景的时候，突然间下起了太阳雨，我们在车里争先恐后地向车窗外瞭望，可只一会儿工夫,雨突然间就停了。“太阳雨悄悄地走了,正如它悄悄地来！”不知道谁正在应景地吟诗呢，尼玛已经把车停泊在路旁。泊车的地点距野生动物通道还有约 1 000 米，步行有点远，我便让尼玛开车送我们过去，尼玛连连摇头：“现在正是雨季，车离开硬路就很容易陷车。”窗外的地面上虽然没有路，但布满了鼠标大小的砾石，草生长得也比较茂盛，我根据在内地开车的经验，怂恿尼玛：“没事儿，石头多，还有草，不会陷的！”估计尼玛也不想让我们徒步这么远吧，就又启动了车，驶下了沥青路面，试探着向前缓慢地开着。轮胎压到草地上，我感觉到车速越来越慢，就像走在一堆棉花上。我急忙问尼玛：“怎么样，还能开吗？”尼玛全神贯注地紧握着方向盘，听到我的话刚要回答，车已经陷了下去。尼玛急忙加大了油门，试图将车倒回来，却已经来不及了，车被牢牢地陷住了，大半个轮胎淹没在泥泞中。我们只好都下了车，发现车距离沥青路面也就 10 多米，车后留下了两条深深的泥沟。我们只有一辆车，不得已到处捡拾石头填在轮胎下面，尼玛从后备箱拿出铁锹把黏附在轮胎上的软泥铲掉，把轮胎周围的泥土挖掉。在海拔 4 500 米的地方捡拾石头、挖掘泥土是非常痛苦的体力劳动，累得我们每个人都直不起腰来，靠在车身上大口地呼吸补充氧气。当四个轮胎下都填满了石头，尼玛回到了驾驶座位上，车喘着粗气试图后退，挪动了几步就又不能动了，我们开始接着四处捡拾石头，尼玛也开始再一次铲掉糊在轮胎上的软泥……这样的场景重复了到第七遍的时候，我们的车终于重新回到了沥青路面上。尽管此时的车、人浑身粘满了泥土，大家却高兴得像个孩子，似乎刚刚打胜了一场战斗一样。路边即可以陷住车，更不用说草甸深处了，我们只好抖掉身上的杂草，蹭掉鞋上的软泥，向远处的野生动物通道步行而去。

陷车通常发生在多雨的夏季，但在冬季，由于可可西里地区风速高，大风会把雪吹到某些低洼处积累起来，在驾驶车辆过程中不注意观察，也很容易发生陷车事件。2004 年 11 月，我们到可可西里腹地进行藏羚羊种群调查时就发生了一次雪地陷车事件。11 月的可可西里　已经进入了严冬季节，到处都是白茫茫的积雪，地势较高的地方偶尔露出金黄色的野草，在寒风中不停地摇曳。我们的车一前一后穿行在这片白茫茫的土地上。和夏天相比，冬季

长江源头楚玛尔河（吴晓军摄）

在楚玛尔河河滩上遭遇陷车

的土地冻得硬邦邦的，但路面坑坑洼洼、冰凌四伏，我们的车行驶得很吃力。这时，前方出现了一大片开阔地，驾驶员高兴地踩着油门，按照吴国生的话来说："脚都快踩到油箱里了！"车立刻飞驰起来。猛然间，车头一沉，车身一震，车已经扎进雪堆里了。原来，这里原本有个较深的沟，风把大量的积雪吹了过来填平了这个沟，从外表看来这里似乎仍然是一块平地，我们的车速较快，又没来得及仔细观察，结果车就一头陷了进去。在凛冽的寒风中，嘎玛才旦队长领着拉巴、尼玛和文秀几个巡山队员开始拖车。铁制的绞盘异常冰冷，钢丝绳似乎也冻得更僵硬了，车陷在雪里纹丝不动。绞盘咯吱咯吱地在加大着力量，钢丝绳绷得也越来越紧，我们几个科研工作者远远地观望着，空气似乎被寒冷和紧张凝固了。"嘭"的一声，钢丝绳的绳扣被绷开了，钢丝绳"嗖"的一声立即回弹，力量非常大，如果不小心击打在人身上，必然非死即伤，于是大家躲得更远了。尼玛上前系牢钢丝绳，绞盘又在缓缓地用力，车还是纹丝不动。这可急坏了驾驶员，他用力踩了一下油门，车猛然向前一冲，原本想利用这个冲力把车从雪堆中拖拽出来，却没想到车没有拽出来，反而把绞盘从车上撕扯下来了！绞盘不能继续使用了，只能拿出铁锹人工挖车。我们几个也赶忙过去要一同挖，却被嘎玛队长劝阻了，他让我们在旁边休息，由他领着几个巡山队员去挖车。寒风中我们穿着厚厚的羽绒服仍然感觉有些冷，他们却挖得满头大汗！挖了半个多小时，被陷住的车终于自由了，嘎玛和他的队员热烈地拥抱着，在雪地上尽情地宣泄着心中的兴奋！

这两次陷车只是我在可可西里亲历的众多陷车事件中应对相对轻松的，比它们情况更糟糕的陷车还发生了很多次。其中，最危险的一次是 2006 年夏季发生在库赛湖畔的陷车事件，今天回忆起来仍然感到后怕。

那年我和中国科学院西北高原生物研究所的崔庆虎、西宁动物园（现为西宁青藏高原野生动物园）的吴国生、北京动物园的吴秀山以及可可西里保护区管理局的王海林一起到库赛湖地区寻找藏棕熊并观察其行为。因为科研经费的限制，考虑到从不冻泉到库赛湖毕竟还是有条土路的，我就只租用了一辆越野车。吴秀山非常热情，主动提出驾驶车辆。他的驾龄比较长，在北京也经常开车，因此我便同意了，但考虑到他是第一次到可可西里，让王海林做他的驾驶指导，对他的驾驶过程全程指挥；同时，我也反复强调无论发生什么情况，哪怕是藏棕熊在后面追击我们，车也一定不能离开土路，否则必然陷车。为了以防万一，我和不冻泉保护站的工作人员约定，如果晚上 10 点钟我们仍然没有返回，说明我们发生了不测事件，请他们前去救援。

定好了行车规则，我们便向 150 公里外的库赛湖出发了。吴秀山的开车

冬季积雪堆积的地方最容易陷车

挖出车来后巡山队员尽情宣泄心中的兴奋

冬季车辆陷车的概率大大降低

技术果然很棒，尽管一路上土路坑坑洼洼的，还要经过几个漫水的河床，但车行进得既快又稳，我们非常放心。只是我们租用的这辆车空调坏了，车厢里有些热，打开车窗冰冷的空气立即灌了进来，感觉凉爽多了。刚到库赛湖畔，望远镜里就发现了一头藏棕熊正在挖掘鼠兔。我们三人立刻下了车，车内只剩下王海林和吴秀山。崔庆虎和吴国生在有藏棕熊活动痕迹的地方（如粪便、足迹和挖掘痕迹等）做样方收集植被、海拔、坡度等信息；我远远地跟着藏棕熊，用望远镜观察着它的一举一动，同时在记录本上记录它的行为数据。大约过了半个小时，我突然感到脸上一凉，眼睛急忙离开了望远镜，发现下雨了。跟随着藏棕熊走走停停，此时距离我们的车已经很远了。我没有携带雨具，急忙向车跑去，发现小崔和小吴也在向车的方向奔跑。雨渐渐下大了，在海拔 4 600 米的地儿，跑得我上气不接下气，感觉大脑极度缺氧！但此时，我最害怕的事情发生了：我们的车启动了，慢慢地下了护坡，向我们的方向开了过来，越开越慢，接着车突然发出一声巨大轰鸣声，向前猛冲了几米，就再也不动了！

“完蛋了，”我心里一凉：“陷车了！” 远远看着仍在徒劳挣扎的车，我顿时感到极度地无奈和沮丧！也不再跑了，淋着冰冷的雨水，我慢慢地向车踱去。果然，走近一看，轮胎已经牢牢地陷在淤泥里，底盘也几乎被淤泥托顶了。尽管心里在提醒自己要冷静、要沉着，但我脸上还是禁不住表现出了沮丧！他们本是好意，看到我们被雨淋，怕我们会因此得了感冒耽误今后的工作，情急之下也顾不得什么，就开车过来接我们了。此刻说什么也没有用了，车实实在在地陷在泥土里了，凭我们几个文弱书生，无论如何也不可能把车弄出来，唯一能做的只能是等待救援了！按照事先的约定，救援人员会在晚上 10 点钟出发，到达陷车地点的时间估计至少要在凌晨 1 点钟以后了。

屋漏偏遭连夜雨，倒霉的事情总是相伴而来，小吴打开后备箱，发现除了一把铁锹外，里面空空如也。这次到库赛湖调查原本计划是当天早晨进来当天晚上返回的，因此车上仅携带了中午的食物，也没有携带帐篷、睡袋等过夜用品；囿于科研资金的限制，我们也没有经费购买卫星电话。我不由自主地走到一个土坡上，抬头向四周瞭望，发现周围非常空旷、非常安静，连个人影子也没有。此时阳光普照，空气温暖，风也基本停息了，可我知道晚上的可可西里完全是另外一幅景观：气温可以降低到零下 10 多摄氏度，甚至零下 20 多摄氏度，风速可达 7 ~ 8 级，狼、藏棕熊围着车转来转去……想到这里，我不禁感到身上有些寒冷，雪上加霜的是，我发现我们几个人都穿着单薄的夏衣！面对这样的窘况，大家面面相觑，都不约而同地想起了志愿者

冯勇的牺牲事件。

2002年11月30日，环保组织“绿色江河”招募的志愿者冯勇等6人到五道梁保护站附近的野鸭湖畔捡拾白色垃圾（塑料制品等）。因汽车发生故障被困，冯勇和1名志愿者徒步返回青藏公路求援，走后不久另外4个志愿者也弃车并徒步返回至青藏公路。冯勇2人到达青藏公路后，因不知道这4个人已经弃车返回，冯勇独自一人到青藏公路某工地借了一辆双排座货车，带上水、食品，进山救援，结果彻夜未归。第二天，营救人员发现车陷在一条小河沟里，志愿者冯勇和货车司机李明利已经浑身冻僵，停止了呼吸。估计陷车后，两人在车内过夜，最终因过于寒冷而不幸遇难。

没有心情继续工作了，大家钻进车内，都不说话，生怕打破平静的气氛。熏熏的阳光烘烤着我们，不一会儿大家都睡着了，一直到傍晚5点钟左右，我们方才陆续醒来。此时，尽管太阳仍然高高挂着，但光线已变得不再刺眼。车窗外起风了，呼呼作响，刚一下车我就被冻得瑟瑟发抖，急忙又缩了回去。小睡了一觉，大家的心情恢复了平静，但心照不宣的是，在几百里荒无人烟的可可西里腹地，在寒冷、大风的环境里，我们待在这样一个“铁疙瘩”里至少要8个小时，如果救援队没有及时赶来，我们或许真的会“献身科研”了！大家面面相觑，不记得是谁首先打破了这尴尬的沉寂：“如果我这次能安全回到家，一定要好好对待老婆，伺候好老爸老妈，努力工作！”这句话若在平常场合说起来，一定会令人觉得肉麻做作，但在身处绝境的情形下，听起来却是那么顺耳。这句话引起了共鸣，大家纷纷开始半真半假地留“遗言”，“遗言”内容极其朴实，诸如“如果能平安返回，要好好生活、疼爱老婆、孝敬父母、团结同事、认真工作”等内容，车内顿时充满了人性的光辉。

我们的车陷在离路面20多米远的地方，并且刚好处在一个土坡下方，从路面上是看不到车的。此时距救援队到达的时间还有8个小时，如果发生了更糟的情况，如汽油燃尽、电瓶没电，在漆黑的夜里他们就不可能准确找到我们的车。于是我到后备箱取出了唯一的一把铁锹，来到了土路上。我的计划是将路挖断，用挖路取出的土在路面上堆砌一个条形土堆，还堆了几个小土堆，这样救援人员就会知道我们在附近；然后，又用土在路面上做了一个指向我们“藏身地”的箭头，以期引导救援人员尽快找到我们。

于是我开始忙活起来。硬邦邦的路面很难挖，但求生的愿望驱使我用尽全力地挖掘。半个小时后工程基本完成，我直起疲惫的腰，用衣袖擦着头上的汗水。突然，我看到一辆白色的越野车出现在我的视野里！那一瞬间，我兴奋得差点晕厥过去！在几百里荒无人烟的地方，在我们危难关头，看到了有同类出现是一件多么令人激动的事情啊！常说人生有四大喜事：久旱逢甘雨，他乡遇故知，洞房花烛夜，金榜题名时，我看还应该加上一喜：绝境来援兵。我急忙向小吴他们跑去，大声向他们呼喊，通知这个好消息。大家都很兴奋，连忙跟着我来到土路上。这辆白色越野车是从卓乃湖方向开过来的，看着它越来越近，一种不祥的预感渐渐替代了先前的兴奋：他们为什么会从卓乃湖方向过来？他们是干什么的？直觉告诉我，他们最有可能是武装盗猎分子！在这荒无人烟的地方，将我们几个文弱书生杀掉，随便找个地方埋掉，对他们来说是一件很轻松的事儿。我不禁牢牢攥紧了手中的铁锹，心里想如果真的是盗猎分子，我抡圆了铁锹，无论如何也要拉上一个垫背的！反正要为科研“英勇献身”，与其被冻死，还不如为保护野生动物跟盗猎分子搏斗而死。

因为路已经被我挖断了，白色越野车不得不停了下来，从车上下来 6 个小伙子。崔庆虎急忙走上前打了招呼，说明我们面临的窘境，询问他们能否

给救援人员做的标记，以期能准确找到我们

帮忙将我们的车拖拽出来。他们答应了，5 个小伙子跟着我们的人一起去拖拽车，留下一个有高原反应的人在路边陪着我。毕竟是壮实的小伙子啊，5 个人加上我们的 4 个人，不一会儿就将车连抬带拽地弄到了土路上。脱离了窘境，大家都很高兴，吴国生挨个发烟表示感谢。王海林是可可西里保护区管理局的工作人员，他亮明了身份，用青海方言和这几个人聊起天来，我听不懂青海方言，只能在一边看着。他们聊着聊着，海林的语气变得严厉起来，脸色也严肃多了。我感觉气氛有些不对，看着对方 6 个壮实的小伙子，铁锹被我攥得更紧了。

原来他们是到卓乃湖附近河流调查金矿资源的，没有任何批文，没有向可可西里保护区管理局备案，显然这是一次非法的探矿行为。我们竟然是被一群非法探矿者给救了，真是让人哭笑不得。尽管不是武装盗猎分子，但他们也要因非法行为而被罚一大笔款，因此他们对我们来说仍然是危险的！王海林非常有经验，他安排 1 个非法探矿者坐到我们的车里，他自己则坐到对方的车里，两辆车一前一后向青藏公路奔驰而去。在晚上 11 点钟左右，我们安全到达了青藏公路，发现保护站的救援人员正在公路边等着我们呢。原来，他们远远地看见了我们的车灯，知道我们是安全的，就在公路边等着我们了。

无论是夏季的可可西里还是冬季的可可西里，陷车如同家常便饭一般，在平均海拔 4 500 米的地方挖车、拖拽车可不是轻松的活儿；如果没有做好相应的准备工作，陷车便有可能会带来生命危险。每次谈到可可西里陷车的话题，我的脑海里就会立即浮现出大家的“遗言”：“如果能平安返回，要好好生活、疼爱老婆、孝敬父母、团结同事、认真工作……”

6　空中花园

相传在2 500年前，古巴比伦的一个国王，为了取悦来自异国的妃子建立了一个梦幻花园。该花园采用立体造园手法，将花园建在四层梯形平台之上，每个平台由25米高的柱子支撑，奴隶们不停地推动连接着齿轮的把手以提供灌溉动力。园中种植各种珍稀花草树木，远远看去，花园仿佛悬在半空中，分外美丽，是为“空中花园”，被称为“世界七大奇迹”之一。但可惜的是花园最后毁于战火，经过历代的风雨冲刷和人为破坏，消逝在历史长河中，为后世留下无限的遗憾和遐想。然而，你可曾想到过，在离你头顶大约5 000米高的云端，在青藏高原可可西里这片无人区内，竟然也有一个生机盎然的“空中花园”。

提起可可西里，大多数人想到的是这样的一幅画面：一片枯黄、稀疏的草原笼罩在寒冷、干燥和强烈的紫外线环境下，终日白雪覆盖，狂风肆虐。其实，这仅仅是冬天的可可西里，每当寒冬过去，雨水降临时，可可西里完全变成了另外一番景象：矮矮的嵩草、禾草偷偷地露出了头，不知不觉地给高原抹上了一层淡淡的绿；紧接着是可可西里短暂的夏天，绿草丛中，百花盛开，姹紫嫣红，宛如美丽的少女披上了一件缀满花朵的绿色长裙！当地牧民通常把开满各色鲜花的草原称为“五花草原”。盛开着洁白色花朵的是垫状点地梅、藓状雪灵芝和玲玲香青，使得草原上好像散布了无数斑斑点点的积雪；盛开着红色花朵的是藏波罗花、柔小粉报春和唐古特红景天，给草原涂抹了一层或浓或淡的胭脂；盛开着黄色花朵的是卷鞘鸢尾、委陵菜和垂头菊，它们给草原带来金秋的错觉；盛开着紫色花朵的是紫花黄芪、缘毛紫菀和红紫桂竹香，让草原弥漫着浓浓的浪漫气息；盛开着蓝色花朵的是青海翠雀、蓝玉簪龙胆和蓝花卷鞘鸢尾，远远望去，整个草原好像化身为蔚蓝的大海。一阵微风吹过，缤纷的色彩让你目不暇接，五花草原好似一卷色彩斑斓的巨大

绒毯，让人流连忘返。

无论是在青藏公路沿线，还是在可可西里腹地，我最喜欢的休息方式就是徜徉在这样的花海中，一边感受花的美丽和芬芳，一边赞叹它们在恶劣环境中表现出来的旺盛生命力和适应力！美丽的高原之花带来的喜悦洗去了科研中的疲劳，净化了心灵。从野花烂漫中感受可可西里的勃勃生机，这片高原充满了色彩，她并不荒凉！

在这些花里，我最喜欢的是一类神奇的植物。它拥有众多的名字，早期的西方植物猎人称它为“蓝罂粟”；而在 18 世纪，瑞典植物学家林奈将其命名为“欧洲罂粟”，后来更多的西方学者把它称为“喜马拉雅罂粟”；在中国，因为这一类花儿体表有柔长的绒毛而被统称为“绿绒蒿”。它们是罂粟科绿绒蒿属植物，是第三纪的孑遗物种，目前已知的 49 种绿绒蒿中，除了 1 种分布于西欧外，其余都分布于青藏高原及其周边地区；分布于中国的有 38 种，约占全部种类的 78%，其中绝大多数为中国的特有物种。在可可西里广泛分

神秘的蓝罂粟——多刺绿绒蒿

“高原牡丹”的花朵如天空一般湛蓝

布着的绿绒蒿是多刺绿绒蒿。她的花朵儿如天空一般湛蓝，被誉为“高原牡丹”。只有在空气稀薄、紫外线强烈的高原上才会有如此蓝的颜色，那美丽的花卉几乎就是这片原始荒原的象征。除此之外，我更欣赏多刺绿绒蒿鲜明的个性——茎、叶都着生针刺，花极美，却不易采摘，正所谓“可远观而不可亵玩焉”！

绿绒蒿属植物的颜色也不仅限于蓝色，还有黄色（全缘叶绿绒蒿）、红色（红花绿绒蒿）等多种色彩。这些美丽的花卉，不仅拥有炫目的观赏价值，在中国藏族文化史上也有着重要的地位，有人说藏传佛教中度母手里拿的花朵就是绿绒蒿；另外，它还是藏药中不可缺少的药材，藏药学认为绿绒蒿具有清热解毒、利尿、消炎止痛的功能。

藏传佛教度母唐卡

“花儿为什么这样红？”在多年的青藏高原生态调查研究中，我在喜爱这些野花的同时，也产生了对其适应“极地”恶劣环境生态的思考。喜爱野生花卉的读者可能会发现有些生长于可可西里地区的开花植物在海拔较低的山区乃至平原地区仍可寻觅到它们的踪影，这至少可以从一个侧面说明这些植物对栖息地的适应幅度是较宽的。但仔细观察，你还会发现，由于生长环境的不同，它们的外部形态也变得大不相同了，即生态型发生了变化，如植株多毛、矮化、匍匐，甚至垫状。因此，通过采自内地的植物标本来辨析可可西里的植物，或者鉴定者缺少高原植物分类鉴定的经验，往往会将高原植物张冠李戴，错误百出。另外，可可西里绝大多数的开花植物仅仅生长在海拔约 4 500 米的高寒草地、高寒草甸和高寒荒漠，甚至是在雪线附近的高山流石滩，若想在低山或平原见到它们，几乎是不可能的。

当然，囿于恶劣的环境和高亢的海拔，总体来看，可可西里地区现代的植物区系是比较贫乏的。武素功和冯祚建在 1996 年出版的《青海可可西里地区生物与人体高山生理》中记录了可可西里地区维管植物计 28 科 88 属 182

种和 28 个种下等级（变种和亚种），我在 2012 年出版的《可可西里地区生物多样性研究》中记录了该地区维管植物计 28 科 76 属 129 种和 11 个变种和亚种。其中，菊科、毛茛科、龙胆科、豆科和十字花科是该区的优势科，这 5 个科的物种数都超过了 10 种，合计占当地种数的 45%。

可可西里地区的植物区系是一个以草本植物为主的区系。这里没有蕨类植物，裸子植物仅有山岭麻黄一种；木本被子植物仅有匍匐水柏枝和小叶金露梅两种，前者地上部分多匍匐状生长；后者矮小，株高很少超过 0.5 米。需要强调的是，青藏高原特有种在本区植物区系成分中占主导地位。据初步统计，本区青藏高原特有种有 80 余种，如唐古特马尿泡、青藏狗娃花、黑毛风毛菊、卷鞘鸢尾和单花翠雀花等。

本区植被最大的特点是垫状植物丰富，出现了世界罕见的大面积垫状植被景观。分布于可可西里地区的高寒草原与分布于内蒙古高原的温带草原除了在植物组成上不同外，还体现在前者植被稀疏、生物量低，但最大的区别是前者生长有许多只能在高山地区才能生长的植物，垫状植被即是其典型代表。垫状植被是植物为适应高山寒冷、干旱、强风、强辐射等环境条件，植物体从基部密集分枝而形成的一种特殊的生长类型。经调查，可可西里地区

匍匐水柏枝紧贴地面生长

青藏高原特有种——卷鞘鸢尾

有 50 余种垫状植物，约占全世界垫状植物种类的三分之一，它们是植物在青藏高原隆升过程中逐渐特化的结果，从而也证明了高原区系的年轻和衍生性质。在可可西里最常见的垫状植物是报春花科的垫状点地梅、豆科的团垫黄芪、石竹科的藓状雪灵芝和簇生柔子草。它们常形成一个个高约 20 厘米、直径不足 30 厘米的垫状体，贴伏于地表，形如一个个倒扣的碗盆或盘碟。簇生柔子草是垫状植物中的巨人，它多形成高达 50 厘米、直径近 100 厘米、表面凹凸不平的奇形怪状的巨大团垫，老年的簇生柔子草团垫中间变成黑褐色、塌陷，颇像一块块无人照料的巨大坟丘。垫状植被流线型的外表、紧密相靠的枝叶，能有效防止大风吹掠，避免了生长期间因突然袭来的严寒气流而造成输水系统冻阻，进而致使尖端枝叶和幼芽因生理干旱而死亡的危险，是对高原极端环境的一种适应。曾有人做过测量，即便外周的空气温度已经降至 0℃以下，但垫状植物的中心温度依然可以保持在 2℃左右。

由于可可西里生长季节（无霜期）短暂，所有植物必须在短短的约 100 天内完成它们生活史，即发芽、成长、开花、结籽、死亡的全过程。在这个过程中，恶劣的天气时常对它们的生存、生长进行无情的、突如其来的考验，或是一场漫天大雪，将它们严密覆盖；或是一阵密集冰雹，打得它们缺枝少叶；或是一场遮天蔽日的沙尘暴，撕扯着它们矮小的身体，要将它们抛向高空。

可可西里有世界罕见的大面积垫状植被景观

老年的簇生柔子草颇像一块块塌陷的坟丘

然而也正是这些汹涌而来的"考验"，使得适者生存，不适者淘汰死亡。因此，成功生存下来的植物与内地的同类相比，它们往往具有独特的生存和生长方式，以不同的生活形态适应着高原极端的气候，普遍具有抗低温、旱生的生态习性。绝大多数植物呈矮化、匍匐、垫状、丛生，或近似莲座状，叶面缩小成刺、被毛、花大，单位面积生物生产量较低。

一般来说，可可西里的开花植物具有以下特点。

（1）植物特化，花朵大。可可西里地区许多植物适应高原极端环境而出现了特化。有些植物为垫状或丛生，这类植物通常枝条密集，茎和节间很短，以减少风吹的阻力，可大量吸收和保持水分及温度，如簇生柔子草、雪灵芝等；有些植株具有莲座状的叶子，如绿绒蒿属、葶苈属和虎耳草属的一些植物；有些具有长而纤细的匍匐茎，如兔耳草属的一些植物；很多植物还具有旱

镰形棘豆努力冲破冰雪盛开

垫状点地梅迎风傲雪，不惧恶劣环境

生形态特征，如景天属和红景天属的一些植物为肉质；有些植物则被有厚而密的毛被，如弱小火绒草、水母雪兔子等。此外，有些植物开花时，花器要明显大于营养器官，向外界展示其强大的生命力，此为高山花卉的典型特征，如藏波罗花等。

（2）展花迟，花期短。可可西里地区开花植物季相变化特点主要表现为随着海拔的升高，展花迟、花期短。花期主要在仲春至初夏和仲夏这两个时间段，其中仲夏为主要花期。仲夏之时，该地区草地与草甸上，在短短的数日内，多种马先蒿、点地梅、龙胆、绿绒蒿、毛茛以及豆科等开花植物将体内储藏了近一年的养分和能量，选在这气候适宜时，竞相释放出来，组成了“五花草原”的绚丽景观。根据我的经验，每年 7 月 1 日 ~ 15 日为可可西里地区最佳赏花期。

（3）花色美丽，极富色彩。可可西里地区海拔高，紫外线格外强烈。强烈的紫外线极易破坏花瓣细胞的染色体，阻碍核苷酸的合成。为了减少紫外线的伤害，花瓣细胞内产生大量的类胡萝卜素和花青素以吸收紫外线，保护染色体。研究证明，类胡萝卜素可使花瓣呈现黄色，花青素可使花瓣显露为

名字充满佛性的花朵——藏波罗花

红色、蓝色或紫色。紫外线越强烈，花瓣内上述两种色素就越多，花瓣的颜色也就越丰富多彩，如卷鞘鸢尾嫩黄欲滴；藏波罗花红艳悦目；蓝紫色的蓝玉簪龙胆晶莹剔透，而且花型奇特，具有很高的观赏价值，属于我国珍贵的优良观赏植物资源。此外，艳丽的花色也能够吸引更多的昆虫助其授粉，以在较短的无霜期内尽快繁殖。

（4）药材资源丰富。可可西里地区不少开花植物还兼有药用价值，生活在高原上的各族人民用草药治病的历史悠久。如红景天、雪兔子、龙胆、唐古特马尿泡等均是重要的药材资源，其中水母雪兔子生于海拔 3 900~4 800 米的高山流石滩，全草药用，药名“雪莲”，素有“雪山人参”之称。雪莲（雪兔子）绝大部分产于我国青藏高原及其毗邻地区，可以药用的主要有 7 种，即天山雪莲、水母雪莲、喜马拉雅雪莲、昆仑雪莲、黑毛雪莲、丛生雪莲和绵头雪莲。在藏医藏药上，雪莲作为药物已有悠久的历史，藏医学文献《月王药珍》和《四部医典》上都有记载。据分析，雪莲含有多种生理活性成分，主要是多羟基黄酮类化合物，可以散寒除湿、止痛、活血通经、暖宫散淤、强筋助阳等，以滋补、保健和增强抵抗力为主要功效。但因雪莲具有促进子

晶莹剔透、具有很高观赏价值的蓝玉簪龙胆

水母雪兔子亭亭玉立在高山流石滩上

风味独特的镰叶韭

宫收缩的作用，故孕妇忌服；雪莲中还含有一定的秋水仙碱，所以也不宜一次性大量服用。在我所著的《可可西里地区生物多样性研究》中记录的 140 种植物中，有 80 种（57%）具药用价值，有较高的引种、驯化和开发潜质。

（5）可可西里地区不少开花植物还兼有食用价值，著名的如蕨麻委陵菜、镰叶韭等。蕨麻委陵菜是一种多年生草本，根部膨大，富含淀粉，俗称“蕨麻”或“人参果”。在青海、甘肃和西藏等高寒地区被牧民广泛食用，也可用以制作甜食和酿酒。镰叶韭是一种葱属植物，辛辣味超过家韭菜，但具有一定毒性，不可贪食过多。

2013 年底，我全身心投入本书的写作当中，除了翻阅大量专业书籍和调查日记外，还要对上千张图片进行反复遴选，面对一张张炫丽的花朵，每一次舍弃都是一个痛苦的过程！凝视着电脑中一页一页闪动的花朵，渐渐地，我的思绪又回到了可可西里，又回到那片炫色幻影中……

7　高原明珠

2013 年 5 月，我和青海省野生动植物和自然保护区管理局蔡平副局长、西宁青藏高原野生动物园吴国生工程师一起到玉树藏族自治州调查当地牧民和藏棕熊冲突的情况。在翻越巴颜喀拉山前，我看到路边竖立着一块牌子，上面写着“星星海”。当地蒙古族把湖泊通常称为“海”，藏族则称为“错”，显然这是一个来自于蒙古语的地名。星星海，是不是附近有一个外形像五角星一样的湖泊？我很纳闷，就向蔡局长请教。“星星海又称为星宿海，”蔡局长指着窗外大大小小的湖泊跟我解释：“这里是个狭长盆地，东西长 30 多公里，南北宽 10 多公里，由于底部地势平坦低洼，盆地内星罗棋布地分布着数以百计的大小不一、形状各异的湖泊，大的有几百平方米，小的仅几平方米，

几只棕头鸥在青藏公路边的湖泊里嬉戏

可可西里地区湖泊众多

远远看去好似无数晶莹闪亮的星星镶嵌在这里，因此得名。”果然，当车转过一座山登上一个土坡，眼前出现了密密麻麻、难以计数的湖泊。小吴曾经在这里为动物园采集过鸟类，他说：“星星海湖泊的数量是随着降雨的丰歉而发生变化的。雨水多形成的湖泊就多，反之则少。每到鸟类的迁徙季节，星星海到处是各种各样的鸟儿。”此时正当晴空万里，我们的车行驶在一个高坡上，远远地眺望，一个连着一个的海子在阳光照耀下，熠熠生辉，璀璨斑斓，犹如夜空中闪烁的星星降落凡间，映衬着蓝天白云，分外美丽。

“我国湖泊资源最丰富的地方在哪里呢？”欣赏着美丽的星星海，蔡局长突然问我。“当然是在江南地区了，”我毫不犹豫地回答：“在长江中下游地区，五大湖可是如雷贯耳啊。”五大淡水湖（鄱阳湖、洞庭湖、太湖、洪泽湖和巢湖）给我留下太深的印象了，从小到大读了多少文人骚客吟咏、赞美它们的诗词歌赋；从小接受的教育就是“江南地区水网密集，湖泊众多”，难道对“中

国湖泊资源最丰富的地方”的归属还有什么疑问吗？看到我满脸的疑惑，蔡局长从携带的背包里取出了一些资料。在颠簸的车上，我仔细阅读着这些资料，对我国湖泊分布情况和青藏高原的湖泊资源有了新的认识。

湖泊是一种重要的湿地资源，除了具有传统的饮用、灌溉、航运和蓄水发电功能外，在生态学上还具有改善和维护区域生态环境，调节区域小气候，以及繁衍水生动植物（尤其是各种各样的鱼类和水鸟），维持生物多样性等多种功能。我国幅员辽阔，湖泊众多，但由于地质地理和气候条件的差异，我国湖泊的分布具有鲜明特点，即青藏高原是我国湖泊分布最为集中的区域，东部平原的湖泊主要集中在长江中下游一带，其他地区（包括蒙新及黄土高原、东北地区和云贵高原等）湖泊分布相对分散，数量也比较少。

青藏高原竟是我国湖泊分布最为集中的区域？我有些不相信，青藏高原给人的印象一直是蒸发量大、干旱，荒漠遍布，怎么会有如此众多的湖泊呢？

但通过几个数字的简单比较，我欣然接受了这个对于我来说是个颠覆性的事实。中国科学院南京地理与湖泊研究所对我国的湖泊做了全面调查，为了方便比较，我仅对大于 10 平方公里的湖泊做了统计对比：从数量上看，青藏高原有 351 个，占全国湖泊数量的 60%（全国有 581 个），而东部平原地区有 117 个，前者是后者的 3 倍；从贮水量上看，前者约为 5 725 亿立方米，后者约为 718 亿立方米，两者相差近 8 倍；从湖泊面积上看，青藏高原为 36 000 多平方公里，占全国湖泊面积的 53%，超过一半，而东部平原为 19 000 多平方公里，占全国的 29%，不到 1/3。从与人类关系最为密切的淡水湖上看，青藏高原有 72 个淡水湖，东部平原有 117 个，后者略微胜出；但从淡水湖的贮水量上看，前者约为 1 063 亿立方米，远远大于后者的 718 亿立方米。

众所周知，湖北省素有“千湖之省”的美誉，省内湖泊众多，据统计全省面积超过 0.1 平方公里的湖泊有 1 000 个左右。在青海省，有一个县也有千湖之称，这就是号称“千湖之县”的玛多县，星星海就位于这个县的境内。据统计，玛多县境内分布着大小湖泊 4 077 个！其中最有名的是位于黄河源头的扎陵湖和鄂陵湖，它们是我国海拔最高（约 4 200 米）的淡水湖。扎陵湖湖面约 526 平方公里，鄂陵湖为 610 平方公里。藏语“扎陵”的意思是蓝色，“鄂陵”的意思为灰色。据说站在两湖之间的错哇尕泽山上，东望鄂陵湖，湖水灰蓝；西望扎陵湖，天水一色。如此的美色，可惜我至今竟没有机缘见到！曾经有两次绝佳的机会要去看看这对姊妹湖，但最后都碍于它故只能远望叹息而去。

东部平原湖泊由于湖底经过长期的泥沙淤积，湖水通常较浅，大多数为 1 ~ 2 米，只有一些较大的湖泊深一些，如太湖最大水深 4.8 米左右，巢湖约 5 米，洪泽湖约 5.5 米。与东部平原湖泊相比，青藏高原的湖泊要深出许多，这主要与青藏高原湖泊的形成是与高原隆升过程中的构造断陷有关，如羊卓雍错最大水深 59 米左右，青海湖约 32 米，鄂陵湖约 31 米，都远远深于东部平原的大湖。

“看来无论是数量、面积、贮水量和水深度，东部平原的湖泊都不如青藏高原啊！”我问蔡局长：“为什么大家潜意识里都认为长江中下游地区是湖泊密集区呢？”“因为它们是幸运的！”蔡局长笑呵呵地说：“五大湖之所以有更大的名气是因为它们地处东部经济、文化发达地区，处于主流社会的视野之内。而青藏高原的湖泊是隐匿闺中，开发利用得少，宣传得也很少。”听了他的话，我心里却庆幸于青藏高原湖泊的“开发利用少”。在长江中下游地区，因人口密集和经济活动频繁，大多数湖泊已经产生了不同程度的水质污染和富营养化，造成水质性缺水。青藏高原作为三江发源地（长江、黄河和澜沧江）、中华水塔，我不希望看到“以牺牲环境换取经济发展”的悲剧在这里重演。

青藏高原相当数量的湖泊属于微咸水湖、咸水湖和盐湖。每升水中含各种盐分的总量被称为矿化度，海水的矿化度一般为 35 克，咸水湖的矿化度在 35 ~ 50 克，盐湖则大于 50 克，可见它们的盐分比海水中的还多。除了少数几种嗜盐生物外，盐湖中没有鱼类等生物能够生存。盐湖是怎么形成的呢？原来这些湖都属于封闭的内陆湖，湖水不会外流至大海。这些封闭的湖泊只流进不流出，流进的河水中带来大量的盐分，因为不像外流湖一样有流出口，这些盐分只能在湖中沉积，越积越多，当气候发生变化，流入湖泊的水量不抵湖泊的蒸发量时，湖里的水越来越少，湖面不断萎缩，溶解在水中的各种盐分开始析出、沉淀，最后湖水蒸发殆尽，只留下沉积在湖底的盐分。盐湖已经成为青藏高原宝贵的资源。在青海的茶卡湖畔，已经建立了大型的钾肥厂，这里出产的钾肥非常纯净，产量也很高。

可可西里地区是青藏高原主要的湖泊集中分布区之一（见本书第一幅图），这里湖泊数量多，面积大。面积大于 1 平方公里的湖泊有 107 个，大于 10 平方公里的有 38 个，湖面总面积为 3 800 多平方公里，其中最大的湖泊是乌兰

位于通天河畔的三江源自然保护区碑石

乌拉湖，面积 544 平方公里，其他面积比较大的湖泊有西金乌兰湖、卓乃湖、库赛湖、勒斜武担湖和可可西里湖等。这些高原湖泊绝大多数是微咸水湖，只有太阳湖和多尔改错属于淡水湖。太阳湖是红水河的河间湖（季节间歇性连通），也是一个重要的藏羚羊产羔地；多尔改错是楚玛尔河的河间湖，本由几个分散的小湖组成，雨水少相互分隔，雨水多则湖水扩张相连。2012 年因降水较多，著名的藏羚羊产羔地——卓乃湖发生了溃坝，约 2/3 的湖水经古河道流入库赛湖，导致库赛湖也跟着溃坝，湖水进入多尔改错形成一个新的大湖，这表明可可西里湖泊的演替仍然没有结束。

湛蓝的天空，洁白的云朵，五彩的草原，高耸的雪山，蓝色的湖水，只有这些要素齐全了，才能构成一幅巨大的美轮美奂的水彩画，这才是最靓丽的可可西里景观。

但可可西里的湖水却并不总是蓝色的，如果是那样的话，“美丽的少女”

乌兰乌拉湖是咸水湖，11 月仍然没有结冰封冻

卓乃湖和库赛湖溃坝后在多尔改错形成的新湖（2012 年 8 月）

可可西里就会显得太单调了。通常来说，高原淡水湖泊多呈淡绿色及绿色，咸水湖多呈浅蓝及深蓝色,盐湖多呈白色及浅灰色。在可可西里进行科学研究，不经意间就会给我带来视觉上的享受：随意地翻过一座小山丘，一个蓝宝石般璀璨的小湖或许就会出现在眼前，由湖岸至湖心呈现出多彩的色带，有浅蓝、蓝绿、靛蓝等复杂多变的色彩。湖岸边厚厚的盐层布满了白色的盐晶，它们簇聚在一起，闪闪发光，犹如美丽的宝石花；它们造型奇特，像极了海中的珊瑚。为什么面积同样大小的湖泊，东部平原的湖泊就没有如此多的色彩呢？这主要与湖水的透明度、深度和含盐量有关。只有达到一定的深度，无色的水才会呈现出蓝色。有人做过实验，水深只有达到 5 米时，湖水才会呈现出浅蓝色。显然，像杭州西湖即便是最深处也不到 3 米，湖水因此也不会呈现出璀璨的蓝色。当湖水达到足够深度时，可见光中偏于长波的红色光、橙色光、黄色光和黄绿色光被吸收殆尽，而短波光线如紫色光、蓝色光、浅蓝色光和绿色光则被反射到人的眼睛中。如果湖水中含有大量泥沙或其他悬浮物，透明度下降，也不会呈现蓝色，高原湖泊几乎没有受到污染，湖水清澈透亮。另外含盐量的差异也可导致湖水反射不同波长的光线，使湖水呈现不同的色彩。

可可西里湖泊的水来自于哪里呢？降水和冰雪融化是可可西里湖泊主要的水源补给方式。可可西里北有昆仑山脉，中间有可可西里山脉，南面有乌兰乌拉山脉，高山峻岭中雪山遍布，且多数终年积雪；冰川的数量较多，海拔超过 6 000 米的山峰上多有冰川分布，如布喀达坂峰（6 860 米）、马兰山（6 813 米）、格拉丹东（6 621 米）、玉珠峰（6 178 米）、东岗扎日（5 882 米）等均分布有冰川。据统计，青海省共发育有冰川 2 900 多条，面积达 36 万公顷，占全国冰川面积和冰储量的 6.2% 左右，居我国冰川数量和规模的第三位。

2012 年 8 月，我们结束了可可西里的科研工作，在返回格尔木的途中，远远眺望着洁白的玉珠峰，我告诉同行的达才我想去看看慕名很久的玉珠峰冰川。达才是个热心人，当即掉转车头，载着我向冰川脚下驶去。对于旅游者来说，到达玉珠峰冰川主要有两条路，一是从西大滩出发，可以抵达冰舌前端，二是从昆仑山口向曲麻莱县方向出发，可以到达冰川跟前。我们走的是第二条路，路况很好，沿路看到了 6 头野牦牛、2 头藏野驴和几只藏原羚。在距离冰川大约 1 公里的地方就没有路了，我们只能下车徒步向冰川走去。仰慕已久的冰川就在眼前，我非常兴奋，不禁加快了脚步。海拔越来越高，温度越来越低，我的气息也变得越来越沉重！脚下全都是大大小小的石头，路越来越难走。快要到达冰川跟前，我不禁有些失望，冰裹挟着一些砂石显

远方正在降雨，就像一朵巨大的蘑菇云

得有些脏，并不像想象的那样洁白；冰山圆滚滚的，表面沟壑纵横，仿佛是一位饱经沧桑的老人。然而，当走近它、面临它，我很快被它的气势和奇特的造型征服了！冰川横亘在玉珠峰上，宛如一股巨大凶猛的潮水突然被凝固了，但仍然保留着那股排山倒海的气势，仿佛瞬间就会挣脱束缚，汹涌澎湃而下！我攀爬到冰川顶部，真不敢相信脚下踩着的就是万年不化的玄冰！太阳虽高高挂在天上，却让人感觉不到一丝热量，冰川上面风速很大，空气奇寒无比。没走几步，一条巨大的裂缝出现在眼前，我不禁有些害怕，这里会不会有隐匿着的冰窟窿？毕竟不是专业攀登人士，也没有携带任何保护装备，掉进去可就万劫不复了！于是急忙原路返回，踩着冰川边的砂石前行。冰川底下传来轰鸣的水流声，在冰川的末端我们发现了一处冰瀑布——高高的冰壁上有一股“泉水”喷射出来，非常壮观。显然，冰川上部已经开始融化，但下层仍然封冻着，融化的水流到冰川的末端形成了瀑布。这些融化的水形成地表径流，经过多次汇聚，最后注入可可西里大大小小的湖泊中或成为大江大河的源头。后来我又曾去过海拔 5 200 米左右的唐古拉山口，本来计划是去攀登海拔 6 621 米的格拉丹东冰川，从这个冰川融化、流淌出来的水构成了万里长

玉珠峰雪山和冰川

江的源头，我很想去看看有什么野生动物能生存在那里，它们的数量有多少，但由于那几天雨雪频繁，道路泥泞，我们只能远眺而已，叹息作罢。

从卫星图片上看青藏高原，形状各异的湖泊像一颗颗璀璨的宝石镶嵌在广袤的高原上，如果说高原是干旱的、硬朗的、色彩单一的，湖泊就是润泽的、温柔的、色彩变幻的。湖泊是可可西里生态系统中非常重要的组成部分，野生动植物多以湖泊为中心进行繁衍生息，因此，湖泊周围往往有生长较好的植被和数量较多的野生动物。有人认为湖泊是可可西里地区生态系统中的重要关节点，是高原生态物质转换的通道，具有重要科研价值和保护价值。青藏高原湖泊保护问题已引起国内外保护组织的密切关注，像青海湖、扎陵湖、鄂陵湖已被列入国际重要湿地名录，卓乃湖、库赛湖、多尔改错等一大批湖泊已经被列为国家重要湿地。它们就像撒布在雪域高原上的璀璨珍珠，默默守卫并滋润着祖国大江大河的源头，为长江、黄河、雅鲁藏布江中下游流域的生态系统筑起一道坚固的屏障。

水川融水滋养着广袤的高原

唐古拉山口，海拔 5 200 米左右（达才摄）

高高的冰壁上有一股“泉水”喷射出来

8 藏羚羊的母亲湖

有一次在卓乃湖畔吃完午饭，大家在休息。我问卓乃湖保护站赵新录站长："可可西里最吸引人，或者说是最有名的动物是什么？"赵站长抬起头，用奇怪的眼神看着我，好像我是从外星球来的一样。看着他的表情我也笑了，的确，可可西里众所周知的那个物种就是藏羚羊！然而，藏羚羊的"出名"却是用百万只同类的尸骨堆积出来的，由于盗猎者疯狂的盗猎，它曾经差一点儿远离我们而去。现在藏羚羊被我国认定为一级重点保护野生动物，在《濒危野生动植物物种国际贸易公约》（CITES）中被列入附录一中，是世界范围内严格保护和禁止贸易的物种。以藏羚羊为原型的卡通人物盈盈在 2008 年北京奥运会中被遴选为吉祥物之一，反映了人们对藏羚羊的喜爱。

然而，对于这个珍稀物种，我们目前了解的还远远不够，对它的繁殖、迁徙、生态、生理、疾病等相关的研究非常少，甚至在科学分类上，它的确切分类地位也是个谜。藏羚羊在分类学上属于牛科，牛科在哺乳纲中物种数量非常多，分布也非常广泛。羚羊是牛科动物中的一个大类群，但羚羊的分类却十分混乱，以至于到目前为止仍然没有一个分类系统得到学术界广泛认同。不同的分类系统侧重于不同的分类标准，对藏羚羊属于羊亚科还是羚羊亚科就曾经存在着较大的争议。但在 2012 年，中国科学院动物研究所蒋志刚研究员的研究组通过分子生物学研究手段，确定藏羚羊属于羊亚科，为这一争议画上圆满句号。此外，雌性藏羚羊具有集中产羔的独特行为，面对着来自四面八方的藏羚羊，我们不知道它们是从哪里来的，不知道它们是沿着什么样的路线来的，不知道形成这种独特生殖行为的原因是什么。我们甚至不知道我国到底有多少只藏羚羊，只能粗略估计有 20 ~ 30 万只。

当地藏族同胞称藏羚羊为"*zhu*"（音祝），藏羚羊的英文名字除了 Tibetan

antelope 外，还有一个名字 Chiru 即据此而来。藏羚羊雌雄很容易区分，雄性有 1 对长长的角，而雌性没有角，个体也略小于雄性。雄性的角为黑色，竖于头顶上，对称且挺直，仅角尖略向前弯曲，因此当地牧民又称之为“长角羊”；从侧面看，这 2 只角完全重叠在一起，仿佛只有一只角，因此它也被称为“独角兽”。我给藏羚羊也起了一个别名：“胜利羚羊”，因为从正面看，它的角呈典型的 V 字形，象征着胜利；青海省林业局的蔡平却偏偏叫他“pose 羊”，因为它的角像极了我们在拍照时摆出的手势。然而，藏羚羊的角可不是用来拍照摆姿势的，它是雄性间争夺配偶的武器。雌性藏羚羊一般 3 岁半达到性成熟，雄性藏羚羊 1 岁即开始长角，大约 2 岁半性成熟。藏羚羊实行的是“一夫多妻制”，或者称为“后宫制”，最强壮的个体可以拥有 20 余只雌性，而羸弱的个体就只能做“光棍汉”了。11 月中旬至 12 月底是雄性个体间争夺雌性的“争霸赛”时间，此时雄性个体基本上处于绝食的亢奋状态，全身心投入到战斗中。它的角基部有明显的环状棱，角尖没有棱，非常平滑。打斗时，长长的角依靠环状棱交织在一起，光滑的角尖就像一把锋利的匕首随时准备刺入到对手的身体里。每年总会有一些雄性个体因此受伤，甚至死亡。如果在野外看见一只断了角的藏羚羊，千万不要惊讶，这就是“战斗”的结果。

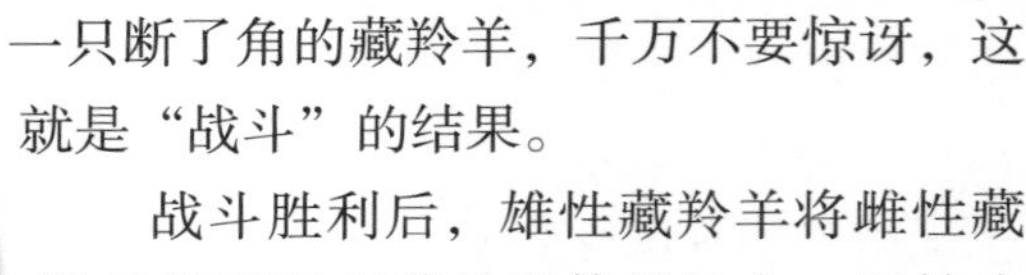

高原精灵“独角兽”

战斗胜利后，雄性藏羚羊将雌性藏羚羊带到远离其他群体的地方，开始欢度“蜜月”，此时它们形影不离，耳鬓厮磨，恩恩爱爱。大约一个交配期（约 2 个月）后，临时家庭宣告解散，雄性和雌性分开形成不同性别的小群，直到来年再重新角斗，重新组建新的家庭。到了 4 月，可可西里、三江源、阿尔金山和羌塘高原怀孕的雌羊们开始慢慢地从四面八方聚集，各自形成数量颇巨的大群，分别向产羔地迁徙。亚成体的雌羊也会跟随着一起迁徙，除了能稀释种群保护母羊外，它们也在熟悉迁徙路线，学习照顾小羊，为将来当妈妈做好准备。雄性藏羚羊没有迁徙习性，它们仍然生活在

“胜利羚羊”

准备穿越五北大桥的藏羚羊母子

原栖息地，不停地采食积蓄能量，为下一次“争霸赛”做准备。

6月，雌性藏羚羊会陆陆续续迁徙到青藏铁路和青藏公路附近，如果你这个时候来到可可西里就会看到成百上千只藏羚羊过公路和铁路的壮观景象，2012年和2013年连续两年中央电视台对这一景观做了现场直播。雌性藏羚羊的生殖大迁徙在高原野生动物中是独树一帜的，目前还没有发现其他高原动物具有这一习性。然而遗憾的是，藏羚羊的生殖大迁徙仍然有太多的疑问得不到科学解释：藏羚羊为什么会产生这种大迁徙行为？哪些地方的藏羚羊种群参与这个大迁徙？迁徙路线是什么？迁徙中有哪些关键的节点？

在可可西里，目前已知的藏羚羊集中产羔地主要有3个：卓乃湖、太阳湖和西金乌兰湖，其中到卓乃湖产羔的藏羚羊种群数量最多。浩瀚无边的青藏高原拥有众多的高原湖泊，每个湖泊各具个性，都有各自的风采，但唯有卓乃湖因藏羚羊集中于此产羔而声名大噪。在成百上千个湖泊中为什么藏羚羊单单选择了它？这使得卓乃湖具有了某种神秘的气息。

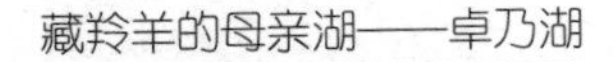
藏羚羊的母亲湖——卓乃湖

卓乃湖（亦称为霍通湖）位于可可西里山脉和昆仑山脉之间，平均海拔 4 800 米左右，处于一个相对封闭的盆地中，东西长约 20 公里，是一个典型的高原半咸水内陆湖。考古人员曾经在湖岸边找到了三叠纪的海燕蛤等双壳类海洋生物化石，说明在 2 亿年前，这里曾是一片汪洋大海。在距今 500 万～2 300 万年前的中新世，这里分布有亚热带常绿和落叶阔叶林，直到距今 1 万～12 万年前的晚更新世晚期才出现了类似于现在的高寒草原和高寒草甸植被。湖南岸水系发达，是主要水源供给地。由于湖水和河流的长期冲刷浸泡，湖南岸有一个南北长 1 ～ 3 公里的宽阔平滩。平滩及临近的山丘是藏羚羊主要的活动区域，这里的植被主要是稀疏的垫状植被，这样的环境利于藏羚羊瞭望、警戒和逃跑，而不利于狼和雪豹等肉食动物的潜伏、靠近和突袭。湖北岸临近高山，岸边和高山之间有很多小土丘，坡度也较大，因此藏羚羊较少在这里活动。

赵站长和他的队友们在卓乃湖

卓乃湖畔稀疏的植被

南岸搭建好宿营地，与我们一起静静地等着藏羚羊的来到。“藏羚羊是不是不来啦？”一连几天，整个卓乃湖地区除了几只零星的“本地户”外，没有看到更多的藏羚羊，我们有些着急。赵站长很沉得住气，他告诉我们，每年藏羚羊进入卓乃湖区有着惊人的时间把握，让我们耐心等候。“时候不到，羊群是不会到的。”第二天一大清早，吴国生欢快地冲进我的帐篷，大声地喊：“羊来啦！”我匆忙穿上衣服，跟着他跑到外面。果然，湖边和山上已经聚集了成群的藏羚羊，一个个肚子鼓溜溜的好像刚吃了一顿大餐。没有卫星导航，没有现成的道路，经过成百上千公里的迁徙藏羚羊能够准确找到卓乃湖已经很神奇了，每年到达湖畔的时间居然也如此精准！

成千上万只雌性藏羚羊为什么会选择在卓乃湖等几个地点集中产羔呢？有人认为这与藏羚羊的食物有关。他们认为，在历史上卓乃湖曾经水草肥美，尤其当它还是淡水湖的时候，气候温暖适宜，湖畔生长着各种各样的牧草，利于藏羚羊在此隐藏和产羔。尽管如今该地区的气候与环境已经大不如前，但由于长期的物种进化，藏羚羊依然会选择在该地区产羔；还有人认为与第四纪冰期有关，推测当时整个可可西里地区被一个巨大的冰盖覆压，只有卓乃湖等少数几个地区裸露，残留的藏羚羊种群集中生活在这几个地区。随着冰雪融化后退，藏羚羊随之向四周扩散，经过长期的进化和适应过程，藏羚羊本能地保留着返回到这几个地点产羔的习性。然而，无论哪种解释都缺乏有

漫山遍野的藏羚羊正在栖息、采食，为接下来的大生产做体力上的准备

力的证据，没有被更多的科学家认同，这个谜仍然有待解开。有趣的是，关于藏羚羊的生殖大迁徙在当地藏族同胞中也有一个传说：大雁飞到哪里，藏羚羊就在哪里产羔，因为雌性藏羚羊吃了大雁的粪便后，奶水会变得特别的多，多得可以顺着乳头滴到地上；这些奶水又被大雁吃掉，所以它们相依为命，谁也离不开谁。实际上这个传说反映了两个现象，一是藏羚羊总是临湖产羔，现在已知的藏羚羊产羔地莫不如此；二是反映了一种朴素的食物链观点，即大雁等水鸟的粪便是牧草的优质肥料，茂盛的牧草为母羊提供了足够的食物和营养，反过来藏羚羊的粪便也为牧草和水中各种生物提供了营养，进而使得大雁等水鸟数量增多。

不过，藏羚羊到达及驻留期间的确是卓乃湖最好的季节。随着藏羚羊的到来，卓乃湖似乎也在一夜间苏醒过来，原本枯黄的土地转瞬间就铺满了绿油油的青草，没几天整个卓乃湖南岸就变成了“五花草原”，好像卓乃湖也在以一片生机盎然的景象欢迎出嫁的藏羚羊回家呢！短短的几天，景观变化如此之大，让我们几个初来乍到的人感到不可思议！藏羚羊到达后并不急着产羔，而是在湖边和附近的山谷里采食、休息、恢复体力。漫山遍野的藏羚羊栖息、采食的景观令我永生难忘。

到了 7 月初，藏羚羊开始产羔了，刚开始只能看到三三两两的母羊带着小羊羔，但就在短短几天的时间里，大量的藏羚羊开始集中产羔。一夜间，几乎

每只母羊的身边都多了一个小宝宝，这个时候的卓乃湖变成了一个超大的、开放的产房。雪山洁白，湖水荡漾，小羊羔们在母亲膝下吃着奶，母子相依相偎，甜嫩的羊叫声响成一片，一派其乐融融的祥和景象。藏羚羊主要在夜间和凌晨产羔，产羔地点集中在湖边山谷里。在调查时，我们在大平滩上也发现了藏羚羊刚刚产羔留下的胎衣、羊水、胎盘和刚出生的小羊羔。那天我们正在去调查的路上，突然发现有一只藏羚羊总是在我们左前方往复跑动，还不时地向一个方向瞭望。赵站长很有经验，判断这是只藏羚羊妈妈："她正在引诱着我们离开，附近肯定有她刚出生的小宝宝。"我们很好奇，就在四周找，但怎么也找不到。最后还是在赵站长的帮助下我们才发现原来这只羊羔就在距离我们大概 3 米远的地方。它老老实实地趴伏在一堆石头中间，身体的颜色与环境完美融合，很难被发现。我们围了过去，羊羔依旧趴伏着，看来是刚刚出生不久，还没有力气支撑它幼弱的身体跑开。藏羚羊妈妈注意到我们发现了宝宝，在我们附近奔跑得更来劲了，我们只好不住地安慰：我们看看就走，拍个照片就走，不会伤害你的宝宝的。小羊羔像是听懂了我们的意思，居然抬起了头望着我们，嘴里发出含糊的声音，好似在说："拍好照片快走，别打扰我睡觉了！"小羊羔的毛仍然湿漉漉的，显然是羊水还没有被妈妈舔干净呢，眼睛大而清澈，憨态可掬。我们迅速拍好照片，匆匆离开了。羊妈妈奔向了自己的宝宝，不停地舔舐着、安慰着，还不时地抬起头望着我们，似乎在对我们进行控诉。其实在野外，我们一般不会去打扰野生动物的正常生活，只不过第一次面对如此可爱的藏羚羊宝宝，我们很难抑制住好奇心不凑近了去多看几眼。

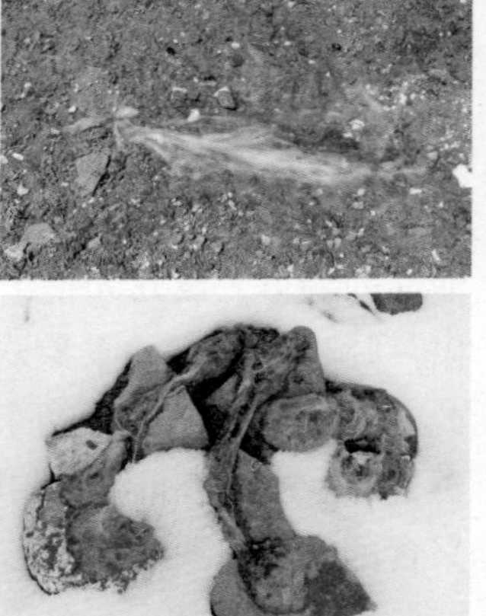

藏羚羊羊羔、羊水和胎衣

上天给了藏羚羊一个宽敞的大产房，但有的时候这也是一个糟糕的产房。6 ~ 7月的卓乃湖，随着温度上升，雨水也多起来，暴风雪频繁。有一天，我们正在野外调查，突然天阴沉下来，一会儿鹅毛大雪就铺天盖地从天上倾泻下来，淹没了高原上的一切。我们急急忙忙跑回营地。曹伊凡老师热心地给我们切了几块西瓜，在可可西里无人区，这可是稀罕物啊！围着火炉，啃着西瓜，我却不禁为藏羚羊担心起来，那些刚出生的宝宝们能经得住恶劣天气的考验吗？

2005年7月2日的一场大雪覆盖了一切，也给藏羚羊宝宝带来生死考验（赵新录摄）

果然，第二天赵站长抱回来一只冻死的小羊羔。它身体蜷缩着，头偎靠在腹部，依然保持着熟睡的姿势，眼睛仍然大大地睁着，好像在控诉这恶劣的天气。我们也感到很困惑，既然千万年来藏羚羊一直到卓乃湖畔集中产羔，应该说卓乃湖是藏羚羊产羔的一个合适地点，卓乃湖的各种生态因子，包括地形、地貌、植被、天敌和气候等应有利于羊羔的顺利生产和小羊羔的健康生长。但卓乃湖，或者说可可西里恶劣的天气又常常会造成大量新生羊羔死亡，仅仅用恶劣天气帮助藏羚羊实现“优胜劣汰”的解释是远远不够的。刚刚出生的生命是极其脆弱的，大自然也过于残忍了！暴风雪后的卓乃湖湖面染上了一层淡淡的蓝色，昭示着这无边美景中最黯淡的忧伤。

这只小羊羔如睡熟了一般，希望天堂里没有突如其来的风雪

大量的藏羚羊羊羔给本地的和尾随而至的食肉动物提供了丰富的食物资源。狼、藏棕熊、藏狐、秃鹫、渡鸦等都是小藏羚羊的天敌。相对于成年藏羚羊，弱小的羊羔更容易捕捉，尽管有很好的保护色，尽管出生后几个小时就会奔跑，但羊羔的死亡率还是很高。仅仅通过目测，就能深深感受到这种损失：藏羚羊开始集中产羔的时候，满目的成羊都带着自己的羊羔，但羊群在 7 月中下旬返回到青藏公路附近时，我们发现相当比例的藏羚羊已经失去了它们的羊羔。很遗憾，我没有对这个数据做进一步的科学统计，希望下次再进入卓乃湖的时候能够补上吧。

死亡的羊羔太多了，怎么让这些“肉”尽快地在生态系统中分解掉反而成了一个问题。在大平滩上随便走走，我就发现若干只被开膛破肚的小羊羔，全身上下只有眼睛、内脏等容易消化的软组织被其他野生动物食用，身体其余部分的肌肉根本就没有动物愿意食用。我也加入了分解这些“肉”的大军中，取了一些肌肉样品放在无水酒精中，以待返回实验室后可以测定、分析它们的遗传信息。

2012 年因降水较多，卓乃湖聚集了大量湖水，发生了溃坝，约 2/3 的湖水经古河道流入库赛湖，导致库赛湖也跟着溃坝，湖水进入多尔改错形成一个新的大湖。这次溃坝事件导致卓乃湖面积大大缩小，据我的观察，到目前

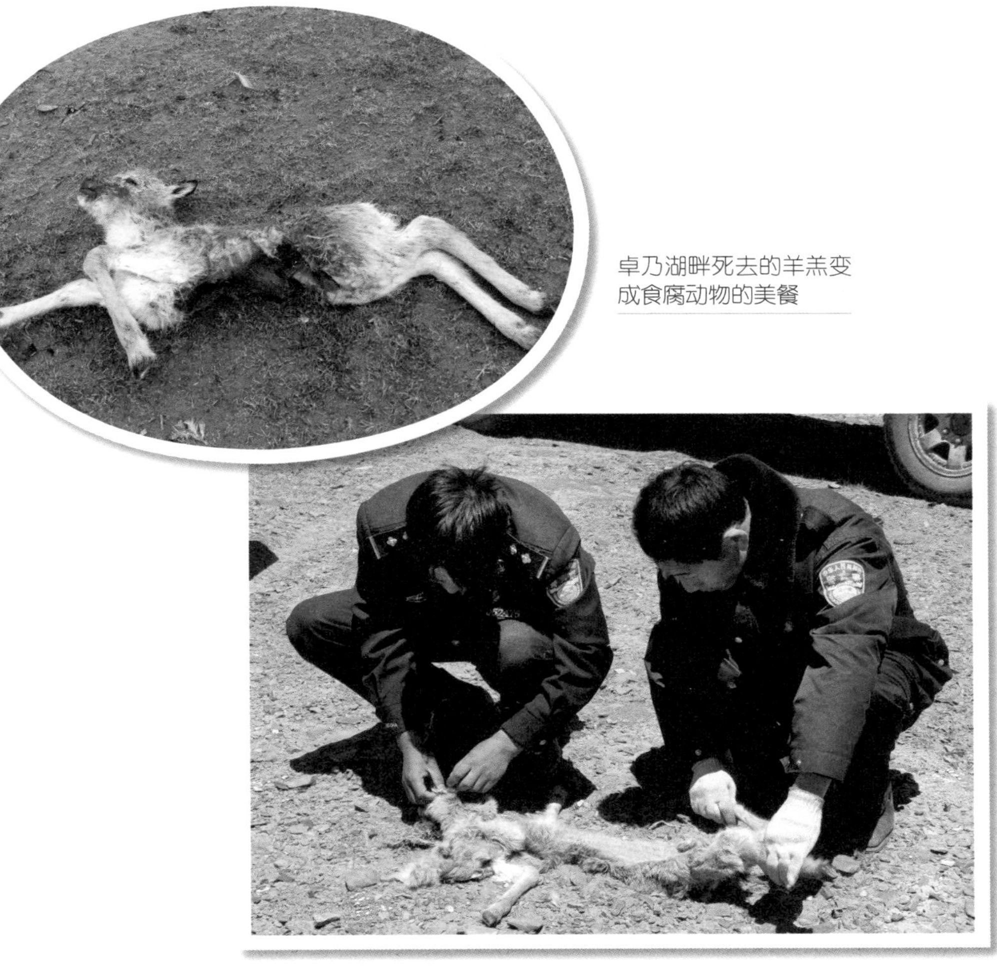

卓乃湖畔死去的羊羔变成食腐动物的美餐

青海省可可西里国家级自然保护区的森林公安帮作者取藏羚羊的肌肉样品

为止溃坝对藏羚羊的迁徙和产羔没有产生显著的影响，但从更大的时间尺度考虑是否会有影响尚待进一步研究。

在我国，只有藏羚羊大迁徙可以与非洲草原草食动物的大迁徙相媲美。但二者又有所不同，前者是为了生殖繁衍而进行的迁徙，而后者是为了获取食物和水进行的迁徙，显然前者更具独特的科研价值。但囿于恶劣的环境、高亢的海拔，更囿于科研经费的短缺，很少有科研人员愿意到可可西里腹地进行科学研究。其实，可可西里并不荒凉，可可西里也并不可怕，只要怀着一颗善良的心、一颗勇敢的心、一颗奉献的心，可可西里这位“美丽的少女”将会用最热情的怀抱欢迎你！

9　恶魔的痕迹

2011 年夏天，我们一行人兴致勃勃地赶往卓乃湖调查藏羚羊的种群数量，北京 212 吉普车轻快地奔驰在土路上，忽上忽下，左突右拐，别有一番情趣。“那是什么？”透过车窗，我突然发现路边有一堆铁架子样的东西，在雪山的映衬下格外刺眼，急忙问赵站长。“那是盗猎分子丢弃的车辆”，赵站长愤愤地回答。盗猎分子？车辆？这是怎么一回事儿呢？赵站长注意到了我的迷惑，随着车辆的颠簸，慢慢地向我做出了解释。

盗猎分子遗弃的车辆昭示了那段时期的疯狂

如果今天你来到可可西里，一定会为她的原始而感动，为她的广阔而骄傲，为她的包容而陶醉！即便是在青藏公路上随意走走，你也会不时看到诸多野生动物，藏羚羊、藏原羚、藏野驴、藏狐……一一扑入你的眼帘，它们自在徜徉，或站立，或奔跑，或打滚，或呼呼大睡，憨态可掬！此时你一定会发出对生命的由衷赞美，或拍照，或呼喊，或招手，去感受这最后一片净土的神奇！

然而，你可曾想到，这里曾经有过硝烟，曾经有过屠杀，甚至直到今天，当你深入可可西里腹地，依然能闻到硝烟的味道，依然能够看到屠杀的痕迹。自 20 世纪 80 年代开始，受经济利益的驱使，每年有大批人员不断涌入可可西里，他们毫无节制地淘金、采盐、挖药、捕捞卤虫、捕杀野生动物。当时青藏公路往来卓乃湖的土路上，可谓是车水马龙，各类人等接踵而至，据统计最多时同期进入可可西里地区的各类人员竟达 10 万之众！

可可西里有着丰富的矿产资源，尤其是金矿资源吸引了大批淘金者。他们云集于此，利用各种原始的、机械的淘金工具在河床上轮番采挖，翻起的沙土堆积蔓延，裸露的土壤在风雨的作用下逐渐沙化；挖断的河流逐渐干涸

河道被淘金者翻得乱七八糟，自然恢复起来需要漫长的时间

或改道，使下游失去河水的滋润，造成草场退化；油料、煤、塑料制品以及各种生活垃圾，使草地和水体遭受污染；载重车辆碾压、翻起的草地变成了光秃秃的大道。这些人类活动使得可可西里野生动物生存和栖息环境以及湿地资源、矿产资源、自然景观等遭受到极大的破坏，可可西里变得满目疮痍，原有的宁静和原始的生态系统平衡被打破。高原生态系统是脆弱的，破坏容易但恢复起来却漫长而艰巨。

听着赵站长的解释，我的心一下子沉了下去，2004年冬天我跟随保护区巡山人员一起巡山时，也发现了一处盗采盐矿的窝点，盗采的盐还没有被完全运走，推土机堆积的盐堆到处都是。苟鲁错盛产卤虫，湖畔上还残留着大量被遗弃的捕捞工具，一些藏羚羊、野牦牛的残骸夹杂其中。进入可可西里进行非法活动的人，一开始只是捕猎一部分野生动物作为免费肉食，后来发现野牦牛头、盘羊头、藏羚羊头、雪豹皮和骨骼、猞猁皮、狐狸皮、熊胆和熊掌等野生动物制品在市场上价格昂贵，就开始出现了专门非法狩猎的人，他们逐步团伙化、武装化、机动化，可可西里这个野生动物的天堂也就变成了恐怖的地狱。一个物种一旦沦为商品，哪怕仅仅是身体的某一部分，如角、

苟鲁错湖畔到处是被遗弃的捕捞卤虫工具

用彩带围出了行车道，避免乱轧草地

皮、胆等成为商品，掠夺和杀戮就会疯狂而至，野生动物的肉反而成了累赘，被随意丢弃，任其腐烂。想到此，突然一则公益广告浮现在我的脑海中："没有买卖，就没有杀害！"

傍晚时我们到达了卓乃湖帐篷保护站。夏季的卓乃湖仍然很冷，我们简单洗漱了一下便纷纷躲到被窝里。宿营地的海拔 4 700 米左右，或许是高原反应的原因吧，我翻来覆去睡不着，脑海里不时浮现着赵站长对我说的话，迷迷糊糊也不知道什么时候睡着了。第二天是集体休整，主要工作是加固帐篷，并在帐篷四周挖了防水沟，用彩带规划了行车道，避免汽车乱轧草地。这时候才看清楚，卓乃湖帐篷保护站位于卓乃湖南岸的一个大平滩上，再往南大约 3 公里有座土山，属于可可西里山余脉。"这就是我的第一个样线了"，我暗下决心明天一定要徒步走到这座山的脚下。

第三天早晨约 9 点钟，我开始召集人同去，但没有一个人愿意去，我只好独自一人背着背包出发了。现在回想起来有些后怕，没有人陪同、没有卫星电话、没有枪支，甚至连一把像样的防身刀具也没有，万一在野外遭遇不测，在这个荒无人烟的地方，真是死路一条啊！不过当时也没有多想，就是觉得好不容易到了这里，如果天天在床上躺着，岂不是大大的浪费？正所谓入宝山而不能空手归啊！即便就我一个人，我也要去。背包里塞满了食物和

水，加上科研要带的照相机、望远镜、测距仪和GPS手持机，刚走了几步，就感觉负担太重。于是我又回到帐篷里，大大地减负，把能不带的都卸下了，最后就只带了2瓶水、4根香肠和几块巧克力、牛肉干（这就是我的午饭！）。又放了50个牛皮纸信封，感觉背包还是很重，狠狠心，把望远镜也给减负了，就用照相机的长焦镜头替代了。

一个人默默地走着，营地的喧闹声越来越小，冷冷的山风吹过来，耳边终于一片寂静。人真是社会性动物啊，孤单的时候会因感到无助而恐惧。我抬起头，开始小声地哼着歌。虽然五音不全，但在这个空旷无垠的高原，没人会来打断我的雅兴，于是不禁大声歌唱起来，一为壮胆，二为练歌！清晨的阳光斜斜地照在远处的雪山上，地上的雾气渐渐飘散开来，远远望去垫状点地梅连成片，仿佛铺了一层用白花编制的地毯，多刺绿绒蒿蓝得透紫，迎风摇曳，和着几声雪雀的轻吟，心里感觉豪迈之气顿生！芸芸众生中能够到可可西里做科研的能有几人？人的一生如白驹过隙，与其躲在温柔乡里吃吃喝喝，醉生梦死，不如认真做些自己喜欢的事，也不枉人生一场！想到此，心中的害怕消失了，脚步也轻松了许多，洪亮的歌声在高原上传得很远很远……

突然一个小小的东西跃入了我的眼帘，这个东西很扎眼，和周围环境特别不协调。我急忙走过去，发现是一个生锈的子弹壳，仔细向周围寻找，一些白花花的骨头一一显露出来。我放下背包，开始收集这些骨头，渐渐地堆了2大堆。这些骨头都是藏羚羊的，有头骨、颌骨、腿骨、股骨和盆骨等，最多的是大大小小的脊椎骨和肋骨。在大约200平方米的范围内，我找到了14具完整的下颌骨！也就是说，有至少14只藏羚羊葬身于此。藏羚羊没有集体死亡的习性，这应该就是那些子弹头的“杰作”！一只雄性藏羚羊的角还残留有被锯断的痕迹，昭示着这些生命死亡的原因。据说盗猎团伙进入可可西里无人区后，往往挑选比较隐蔽的山沟或崖湾搭起帐篷，建立据点，将油料、食品等放下，由一人看守和做饭，其他人开车寻找藏羚羊进行猎杀。盗猎者对这里的野生动物不分老幼、雌雄，遇见就猎杀，甚至专门守候在雌性藏羚羊迁徙的路上，围猎怀孕待产的藏羚羊，很多小生命还没有来得及诞生就夭亡了。猎杀完一批后，就地剥皮，丢弃肉体，把皮张运到据点晾晒。有的藏羚羊受伤倒地但并没有立即死亡，在盗猎者剥皮时因为疼痛而跃起，泯灭人性的盗猎者为了节省子弹竟然会紧紧抓住藏羚羊，从藏羚羊身上活活地把皮子扒下来！只有等全部的子弹打光了，盗猎者才驱车离开可可西里，将藏羚羊皮张运送到市场销赃，然后再补充子弹、燃油和食品，准备下一次作案。装备精良的盗猎团伙甚至敢于同反盗猎者进行枪战。1994 年冬天，原治多县西部工委书记索南达杰就是这样牺牲在一次反盗猎行动中，在昆仑山口和索南达杰烈士的牺牲地太阳湖畔各建有一座永久纪念牌。昆仑山口的纪念碑上镶嵌有索南达杰的黑白遗像。微微卷曲的头发和浓密的胡须表露出他刚毅、坚韧的个性；他的目光凝视着远方的荒原，深邃中透着一丝忧郁。遗像两边的挽联书有“音容常在，功盖昆仑”八个大字。每次进入可可西里，每次到达太阳湖畔，我都尽可能去敬献一条洁白的哈达。看着洁白的哈达在风中摇曳，感受他短暂而勇敢的人生。

不幸遇难的藏羚羊遗骸

继续向前走，发现了更多的藏羚羊骨头，显示这里曾经发生过一场较大的屠杀行动。望着这些白花花的骨头，我为这些不幸的藏羚羊感到伤心，也

在太阳湖畔索南达杰烈士牺牲地建立的纪念碑

为我的部分同类残忍的行为感到羞耻和愤怒！这里是自然条件极其恶劣的无人区，人们为什么要冒着生命危险来到这里屠杀这些无辜的生命呢？这一切都是为了一件作为奢侈品的披肩——“沙图什”。沙图什，来源于波斯语“Shahtoosh”，Shah- 意为“国王、王者”，-toosh 意为“羊毛、毛制品”，Shahtoosh 即意为“毛绒之王”。据说一条长 2 米、宽 1 米的沙图什披肩，重量仅有 100 克，攥在一起可以从一枚普通大小的戒指中穿过，因此它又被称为“指环披肩”；一条沙图什在欧美市场上甚至可以卖到 5 万美元,被称为“软黄金”。织造一条这样的披肩，需要 3 ～ 5 只藏羚羊的绒毛，也就是说，这样一条披肩是以 3 ～ 5 只藏羚羊的生命为代价织就的。作为一个野生动物研究者和保护者，我不反对合理使用野生动物制品，但对野生动物的利用要秉持可持续利用而不是涸泽而渔、杀鸡取卵式的利用。据统计，20 世纪 80 年代到 90 年代末，平均每年至少有 2 万只藏羚羊被屠杀。到了 1998 年，青海省林业局公布全省藏羚羊的数量已经不足 2 万只了，西藏自治区的情况也相差无几，如果再让盗猎分子屠杀下去的话，藏羚羊这个物种将在世界上消失！我们的后代子孙只能从图片、录像、标本里感知这个珍贵的物种了！相反，我们努力保护好这个物种，使之发展壮大，将来条件成熟，可以进行人工驯化、饲养和繁殖，这样不就能够获得源源不断的绒毛供给吗？何必一定要为了眼前的短期利益而将之屠杀得干干净净呢？

失去藏羚羊、失去野牦牛、失去藏棕熊……我们失去的将不仅仅只是这几种野生动物，而是我国江河源地区整个生态系统的稳定和平衡。因为，自然环境是一个完整的整体，是经过千万年自然进化和选择的结果，一些动植物数量的下降和灭绝很可能会引起一系列的连锁反应。因此，这里的每一种动物、每一种植物、每一片草地、每一片沼泽、每一座雪山冰川，甚至每一片蓝天白云，都需要我们去珍惜和精心呵护！

不过，幸运的是，自 1999 年 4 月我国首次在可可西里、羌塘（西藏）和阿尔金山（新疆）地区开展打击盗猎藏羚羊违法犯罪联合行动后，在三省保护部门和森林公安的不懈努力下，目前大规模偷猎藏羚羊等保护动物的行为已经很少发生了。那次标志性的行动被称为“可可西里一号行动”，在短短的 20 天内，共打掉盗猎团伙 17 个，击毙盗猎分子 1 人，抓获 65 人，并收缴藏羚羊皮 1 700 张左右、藏羚羊头 545 个，野牦牛头约 30 个，皮张 4 张，缴获各种枪支 14 支，子弹 1.2 万余发。

我仔细整理着这些骨头，发现有的骨头上残留有皮肉，于是取了一些作为样品，将来可以用做生物地理学研究，短短的几步路，我收集了 50 多份来自于不同个体的组织样品。把这些样品装入牛皮纸信封，在信封上标注好相应信息，如采集时间、采集地点、GPS 位点、海拔高度、植被类型等。

看着这些骨头，我又想起了去年的一个经历。那次是我们在青藏公路三江源一侧进行野生动物调查，在距离公路大概 100 公里的地方，我们碰到了一个偷猎喜马拉雅旱獭的窝点。现场一片狼藉，生活垃圾到处都是，还有被藏棕熊翻过的痕迹，也不知道它是否吃了人类制造的垃圾，是否会因此生病、死亡。最引人注目的是现场有 3 大堆已经被剥了皮的喜马拉雅旱獭胴体，散发着阵阵恶臭。喜马拉雅旱獭皮被认为是一种优质皮草，具有很好的保暖性和柔顺度，一些不法分子偷偷潜入这个地区进行了罪恶的偷猎行为。他们或用毒药，或下铗子，或用套子捕捉了 200 多只旱獭，剥了皮就把胴体丢弃了。不知道什么原因，也许是胴体中含有毒药吧，这些肉竟然连喜欢腐食的动物都不去食用。忍着腐臭，我取了几个旱獭的组织样品，但最终还是忍受不了这种腐臭，只得离开，继续我们的调查了。

我继续向远处的目标前行，一条雪水河拦住了道路。河流湍急，河面宽阔，手浸入水中，冰冷刺骨，涉水而过是不现实的，只能逆着河流向上游走。转过一个土坡，一辆废弃的吉普车迎面霍然而立。这辆吉普车的轮胎、坐垫等能拆卸的部件都已经被拆卸走了，但基本框架还在。回到宿营地问赵站长，才知道原来也是一辆盗猎分子遗弃的车。仅在卓乃湖附近就连续遇到了 2 辆盗猎分子废弃的车，可见当年盗猎分子的肆意和猖獗。继续向上游走了大概半个小时，河水不见狭窄反而愈发宽阔了，望着已经很接近的山丘，唯有长叹而已！只好兜了一个大圈返回宿营地了，谈及路上所遇，大家唏嘘不已。

作者在采集死亡的野生动物肌肉组织样品（吴晓军补摄）

一堆被剥了皮的喜马拉雅旱獭胴体

又一辆盗猎分子遗弃的车辆被作者发现（吴国生补摄）

写好最后一个句号，我的心情坏到了极点，久久不能从回忆的噩梦中醒来。锈迹斑斑的子弹壳，白森森的藏羚羊骨骼，臭烘烘的喜马拉雅旱獭肉丘，狰狞丑陋的盗猎分子的车，这一切揭示着极少数人人性的丑恶，这样的贪婪与罪恶使得我感到万分恶心和愤恨！我的夫人安慰我这罪恶的一切都已经结束了，建议我把这章的标题修改为“恶魔的遗迹”。可是我知道，杀害会因为买卖的存在而仍然继续着，在可可西里深处，盗猎还没有完全销声匿迹，恶魔的身影仍然在忽隐忽现，罪恶的枪声仍在群山中回荡，我希望所有爱护野生动物、爱护生命的人们能够一起努力，让恶魔的痕迹变成永远的遗迹，永远钉牢在历史的耻辱柱上！

10 高山上的隐士

“石者之山，其上无草木，多瑶碧。泚水出焉，西流注于河。有兽焉，其状如豹，而文题白身，名曰孟极，是善伏，其鸣自呼”，这是我国古籍《山海经·北山经卷三》中的一段记载，据考证，“孟极”就是雪豹。可见我国先民早在公元前 3 世纪就对雪豹有了生物学和生态学上的初步了解。

雪豹属于哺乳纲、食肉目、猫科、雪豹属，这个属只有一个物种，就是雪豹。雪豹是典型的高山动物，主要栖息在高山裸岩地带，其所处栖息地在一年大部分时间里都覆盖有积雪，有的甚至生活在终年积雪的区域，“雪豹”因此得名。雪豹是世界上分布海拔最高的大型猫科动物，最高可以分布到海拔 6 000 多米，那里的环境让人望而生畏，加上雪豹性格敏感和晨昏性活动的习性，人们对这个物种的行为、生态等了解得非常少，因此雪豹又被称为“高山上的隐士”。

雪豹的自然分布种群目前仅见于亚洲的 12 个国家和地区，分别是蒙古、俄罗斯、巴基斯坦、印度、不丹、尼泊尔、阿富汗、塔吉克斯坦、哈萨克斯坦、乌兹别克斯坦、土库曼斯坦和中国。美丽的花纹、矫捷的身姿、隐秘的生活，雪豹被称为“雪山精灵”，被视为“亚洲山地的标志物”，越来越受到各国人民的喜爱。

中国被认为是雪豹种群数量最多、分布面积最大的国家。中国西部的主要山脉，如喜马拉雅山脉、昆仑山脉、祁连山脉、天山山脉、阿尔泰山脉、横断山脉，直至内蒙古的乌拉山、阴山山脉等均记载有雪豹的分布，涵盖西藏、青海、新疆、甘肃、四川、云南、内蒙古、山西等 8 个省份和自治区。但遗憾的是近年来在山西进行的野外调查没有再次发现雪豹的活动痕迹，因此目前并不能确定这个省份是否仍然有雪豹的分布。在我国，青藏高原和帕米尔高原是雪豹的主要分布区，拥有面积最大的雪豹优质栖息地（约 182 万平方

公里，约占全球雪豹潜在适宜栖息地面积的 60%），也拥有最活跃的野外种群。据估计，我国雪豹数量有 2 000~3 000 只（约占全球雪豹总数的 50%），其中青海省分布有 1 000~1 200 只。同时，我国与另外 11 个雪豹分布国中的 10 个接壤，因此，我国被认为是跨国界保护雪豹行动的关键国家，在全球雪豹的科研和保护中扮演着举足轻重的角色。

然而，“只见雪豹皮，不见雪豹”——这是 20 世纪 90 年代，美国博物学家夏勒博士的痛心呐喊！在我国青海、新疆和西藏野外考察期间，夏勒博士没有看见一只野生的雪豹！青藏高原的雪豹种群数量有多少？他们的生存状

沟里乡智玉五队是一个静谧的桃花源式的小山村（2006 年）

态和保护现状怎么样？面临着哪些威胁？这些疑问强烈地吸引着我，自 2004 年开始，我将雪豹的生态学研究作为我的一个重点研究方向，选择了青海省海西蒙古族藏族自治州的几个乡村作为研究地点。

都兰县沟里乡就是其中一个研究地点。我的研究大本营设立在智玉村五队。村子海拔高度约 4 000 米，达日吾勒哈河傍村而过。这是一条由高山雪水融化、补给形成的典型雪水河，常年叮咚不断，滋润着沿岸的居民、草场和野生动物。清冽的河水中，高原鳅倏忽自在，忍不住掬上一口，自有一股淡淡的甘甜味道；水温很低，每当野外考察疲倦了，痛饮几口，分外醒脑提神。

当地居民以放牧为生，牲畜主要是牦牛和藏系绵羊，每日日出而作，日落而息

这里草场肥美，当地居民以放牧为生，牲畜主要是牦牛和藏系绵羊，每天日出而作，日落而息；羊群咩咩，牧歌袅袅，真是一个静谧的桃花源式的小山村。夏季和秋季，牧民们将日常家当打包放在驯服的牦牛背上，携家带口，赶着家畜，来到海拔约 4 500 米的高山牧场追寻肥美水草；等到冬季初雪，大雪封山之前，牧民们才赶着膘肥体壮的家畜返回山村。

全村有 30 户人家，全部为藏族，信奉藏传佛教。村里有一座寺院，俗称沟里寺院。寺院规模不是很大，但 2006 年秋季建成的大雄宝殿足足有 3 层楼房高，背倚巍峨神山，面临宽阔平滩，旭日东升的第一抹阳光总是最先照耀在这里，在朝霞的润染下，格外雄伟壮观！寺院里常驻喇嘛有 20 余人，旦本迦喇嘛身材略胖，汉语很好，总是喜欢眯着眼睛微笑着聆听我的述说。他是寺院中的汉语教师，带领着几个年轻喇嘛学习汉语。因为村里的小学即将与山下的学校合并，老师们都已经下山了，他不得不暂时兼任教师。尽管只有 4 名 1 ~ 3 年级的小学生，但他却一丝不苟，认真备课、上课，让我深深感动！教室就在寺庙前面的一间简陋房屋里，利用调查闲余时间，我购买了一批文具送给他们，勉励他们好好学习。此时正值隆冬季节，窗外高原风雪呼啸，教室里炉火熊熊，和着歌声一样的稚嫩读书声，时间仿佛停滞了，空气里充

藏族小学生的作业本，里面有“狼来了”故事的图画

热心的旦本迦喇嘛正在给孩子们上课

满了安详的气息。走出教室，几个喇嘛正在雪地里谈经论道，红袍映雪，分外美丽。

研究地区不但海拔高，相对高度也高，从河谷平滩的 4 000 米剧烈上升到 4 700 米左右，有些山峰甚至有 5 000 余米。山坡陡峻，连绵不绝，孕育着肥美的草场。这里没有高大乔木，只是在山阴坡零星分布着一些矮小灌木，为家畜和野生动物增添了异质美味和良好的隐蔽场所。该地区既有河谷平滩，又有高山峻谷；既有连绵陡峻的悬崖，又有平缓圆润的山坡，因此孕育了多种多样的野生动物。食肉类动物除了雪豹之外，还有犬科的狼和藏狐，猫科的猞猁和兔狲，以及熊科的藏棕熊等；蹄类动物有岩羊、藏原羚、马鹿、盘羊和白唇鹿等；其他兽类还有高原鼠兔、高原兔、喜马拉雅旱獭等；而分布于此地的鸟类主要有藏雪鸡、大石鸡、岩鸽、棕颈雪雀、白腰雪雀、地山雀、角百灵、大鵟、高山兀鹫、胡兀鹫和金雕等，与有蹄类动物和食肉类动物一起构成了一个生物多样性较高的生态系统。

高山兀鹫具有很长的翼展，适于滑翔飞行

在智玉村还有另外一种猫科动物——猞猁

雪豹在藏语里被称为“*sha*”（音煞），由于近年来野外数量急剧减少和雪豹敏感的性格及晨昏性活动规律，除极少数当地牧民偶尔能够在野外亲眼目击雪豹实体外，看见更多的是雪豹的足迹、刨痕、尿液和粪便等痕迹。我们在野外也观察到了大量的雪豹痕迹，主要集中在石屋龙、假屋龙和套木伯等较大的山沟，其中以石屋龙见到的痕迹最多。可惜的是我仍然未能亲眼在野外遇到雪豹。不过，携带的红外线自动触发相机却真实地记录了当地雪豹的

雪豹的各种痕迹（足迹、刨痕和尿液）

倩影，设置的 6 台相机记录了 8 张雪豹的照片，这些照片被认为是“首次在青藏高原拍到的野生雪豹照片”。不过，是否是“首次”我并不在意，也没有费心去考证，但从照片中看，所拍摄的雪豹体型健硕，毛皮柔顺，体色正常，可以推测它们的营养状况很好，证明当地生态系统仍然保持着健康状态。根据毛皮纹路和形态，从这些照片中可以明显区分出 2 只不同的雪豹个体，这说明当地最小雪豹种群数量不低于 2 只。根据野外调查和有蹄类密度综合分

远眺达日吾勒哈河，雪豹等野生动物就栖息在周边的山沟里

红外线自动触发相机拍摄到的最美丽也最神秘的“高山隐士”

析，我们认为当地应该有 4 ~ 6 只雪豹。

处在高原生态系统食物链的顶级，雪豹需要有足够的、稳定的食物供应量。雪豹能够捕食超过其体重 3 倍的猎物，如岩羊、盘羊等。在尼泊尔的研究表明，一只成年雪豹一年需要捕食 20 ~ 30 只成年岩羊；平均每隔 10 ~ 15 天，雪豹会捕食一只大型动物；雪豹捕到猎物后会将猎物保存平均 2.7 天，并逗留于猎物周围。不像狼，雪豹进食速度较慢，除非受到干扰，不然通常会将猎物全部吃掉。

岩羊是研究地区最为常见的有蹄类动物，是雪豹的主要食物来源之一。在河谷岸边、灌丛空地等处发现有很多的岩羊头骨残骸，宣示着这些岩羊的命运。我们的研究显示，该地区岩羊的平均密度约为每平方公里 4.56 只，主要活动于邻近悬崖峭壁的草场、台地。冬春季常聚成混合群，平均每群约有 34.22 只。交配季节，雄性岩羊以角抵撞角斗，哐哐之声回荡山谷，不绝于耳。藏原羚是另外一种常见有蹄类动物，也是雪豹的主要食物来源。该地藏原羚的平均密度约为每平方公里 0.66 只，主要在河谷和缓坡处活动。冬春季常聚成单性群，雄性群平均每群约有 3.6 只，雌性群（母子群）平均每群有 8 ~ 12 只。总体上看，当地有蹄类动物密度高于其他雪豹的分布区（如天山、可可西里和南西伯利亚等地区）。有蹄类动物数量丰富，保证雪豹有充足的天然食物资源，也减少了因捕食家畜造成的人豹冲突。这里的岩羊、藏原羚等有蹄类不甚畏人，往往和家畜一起啃食牧草。

“吆…呼…”正在熟睡的我被一阵急促的呼喊声惊醒了，密集的脚步声显示着有很多人进进出出。“羊被雪豹吃了！”我的向导三科冲进我的房间，大

成群的岩羊主要活动在岩石或悬崖边

声对我说道。我一骨碌爬起来，急忙跑向羊圈。天边刚刚露出鱼肚白，羊圈里一片狼藉，两只藏系绵羊倒在血泊中。三科和几个牧民还在附近大声吆喝着。我趴在羊圈里查看捕食者遗留下来的足印和其他痕迹。这是一个已经使用很久的羊圈，沉积了厚厚一层的羊粪，几乎没有什么有价值的痕迹。幸好圈门外的土壤被羊群长期踩踏，非常细腻、松软，仔细寻找之下，果然发现了几个清晰的足印。这是典型的犬科动物的足迹，显然捕食者并不是我要寻找的雪豹。“三科，损失了几只羊啊？”我见三科他们回来了，便问道。“3 只，咬死 2 只，叼走了 1 只，”三科笑着跟我说。“损失不小啊！你不恨它们吗？”我又问。“算了，将克（藏语：狼）和煞（藏语：雪豹）天生就是吃肉的，吃野生动物，吃家畜，一样的呗。”三科简短而率真的几句话使我很感动。报复性杀害，即雪豹因捕食家畜而被牧民杀害是国内外其他雪豹分布区雪豹数量减少的一个重要原因。在沟里地区，野生动物捕食家畜也给当地的牧业经济

带来了一定的损失。据该乡一位副乡长介绍，每年乡里因野生动物捕食而损失牦牛 200 余头，藏系绵羊 500 余只。尽管在经济上受到了一定的损失，但当地牧民却并没有因此报复性伤害野生动物，而是抱着一颗宽容慈爱的心去理解野生动物：既然天性如此，他们也并不过多指责捕食者；每当捕食家畜事件发生后，他们既没有愤怒地去报复性猎杀动物，也没有因此格外加固家畜圈。三科也只是用几块木板简单地加固了羊圈缺口，但显然这几块木板并不能阻挡捕食者的再次光顾；此后几天，三科也明显加强了对羊群的看护和管理，但这种加强行为却是临时性的，没过几天，又恢复了往常模样。

就是这家的羊被野生动物偷袭了

当地牧民认为捕食家畜的罪魁祸首是狼而不是雪豹。我也曾经亲眼目击有 5 只狼试图攻击家牦牛而最后放弃的场面。在调查期间，牧民向我通告了 8 起狼捕食家畜的事件。捕食基本上发生在晚上或清晨。我考察了捕食现场，根据脚印等确认是犬科的狼而不是雪豹、猞猁等猫科食肉类动物。尽管当地牧民可以容忍一定的家畜损失，但是积极贯彻国家野生动物损害补偿机制是迫在眉睫的。

随着当地经济的发展和人口的增多，雪豹及其同域分布的野生动物也受到了越来越大的生存压力。其中，公路的建设、铁矿的开采、围栏的增多和偷猎的风险是当地野生动物生存的主要潜在威胁。

2013 年 8 月我再一次来到沟里地区，发现一条高速公路正在紧张地修建着，它从沟里乡横穿而过，正好将智玉村一分为二。这是一条从格尔木至成都的高速公路，设计为双向四车道，预计2015年通车。这次重返沟里，发现前几年在路边经常可以看到的大石鸡、藏雪鸡、岩羊、藏原羚等动物现在却一个也看不到了。我们驾车沿着这条公路进行观察，没有发现任何为野生动物专门设置的通道。雪豹、藏棕熊和狼等动物需要较大的领地（几十到几百平方公里），高速公路建成后，将切断它们的迁移路线，严重压缩它们的生存空间。为了保护沿途的野生动物，尤其是国家重点保护动物，有必要对这条高速公路的影响进行研究，并采取相应的保护措施。

沟里地区矿产资源也比较丰富。智玉村有个铁矿，位于石屋龙沟口。1958年曾经被试采过，因为矿石纯度不高而被弃采。然而随着铁矿石价格的高涨和提炼技术的提高，该铁矿的开采被提上了日程。雪豹听觉、视觉灵敏，性格敏感，此起彼伏的爆破声和穿梭往来、喘着粗气的重型卡车不但迫使雪豹逃往更加偏远、贫瘠的地方，同样也驱使岩羊、藏原羚、高原兔等纷纷逃离。生机勃勃的野生动物天堂很快就会变成野生动物的寂静之地！如何协调经济发展和自然资源保护的矛盾再一次在这里发生了碰撞。

人口的增多和对家畜数量的追求，使得当地牧民不断增加家畜的数量。我就此做了社区调查，最明显的例子是我的一个向导，他家里原本有不到50头家牦牛和约200只藏系绵羊，在当地生活属于小康水平，但随着家里第三个孩子的出生和生活费用的上涨，短短3年里，他的家畜群已经发展到约300头牦牛和约500只藏系绵羊了。草场不够用，他和小舅子等人将草场合并，联合放牧，并且还有购买别人的牧场，进一步增加家畜数量的计划。为了区分各自的牧场，减少乡邻家畜争食自家牧草，大量的网围栏被建立起来。网围栏尽管能够减少乡邻矛盾，但也给野生动物带来了灾难：其一，大面积的栖息地被网围栏切割得零零碎碎，造成栖息地破碎化和岛屿化，阻碍了有蹄类动物的采食和迁移；其二，当野生动物试图跳跃或翻过网围栏时，角、蹄等容易缠挂在网围栏上，成为野生动物的直接杀手。如在青海湖畔，遍地高高竖立的网围栏严重限制了普氏原羚的采食和迁移，甚至致其死亡。在沟里地区，我亦多次观察到岩羊、藏原羚等有蹄类在网围栏前踯躅不前，试图翻越。我认为解决之道一是改铁制围栏为土制（或石制）矮墙，可避免野生动物因跳跃围栏而死亡；或者适度降低网围栏的高度，使得野生动物能够顺利跳跃通过，而又能限制家畜的通过。二是合理规划网围栏的面积，禁止网围栏向偏远草场或者野生动物经常活动的草场扩展，给野生动物预留出一定的活动和采食空间。

当野生动物试图跳跃网围栏时，角、蹄等很容易缠挂在围栏上导致死亡

这只雄性藏原羚面临危险却无法翻越高高的网围栏

近年来我国相继在有雪豹分布的地区建立了一批自然保护区，但这些保护区或互不相连或面积较小，不能有效保护雪豹和当地脆弱的生态系统。因此我曾经在我的博士学位论文中建议在青藏新三省交界地区建立“大昆仑自然保护区”。昆仑山系已经具备建立自然保护区的条件，首先昆仑山位于我国地势的第一台阶，具有强烈的高原生态系统代表性；其次，昆仑山是国家规定保护的珍稀动物、候鸟或具有重要经济价值的野生动物主要的栖息地，其中多数为青藏高原特有物种；其三，昆仑山具有明显的植被垂直分带现象，有针阔混交林、针叶林、灌丛草甸、冰缘、冰雪等生态系统类型，每一种垂直带的宽度多则千余米，少则数百米，对外界环境的变化异常敏感，自然生态系统或物种一旦遭到破坏，则很难恢复或要经历相当长的时间；最后，目前昆仑山自然生态系统整体上仍然保持完整，但部分具有重要价值的自然生态系统和物种已然遭到破坏，亟待保护和恢复。从整体上看，建立“大昆仑自然保护区”可以把青藏高原已有的自然保护区联结而形成覆盖较为完整的保护区网络。保护好雪豹，首先就要保护好雪豹生存所依赖的自然食物源和栖息地，也就是当地的生态系统。从这个意义上说，建立“大昆仑自然保护区”对于保护当地生态系统及其物种数量的长期稳定具有重要意义。

11　爱她，就请保护她

食肉动物，尤其是虎、豹和猛禽等大型食肉动物通常位于食物链的顶部，它们捕杀的对象往往是那些老弱病残的动物，可以有效控制传染病在野生动物间的传播和扩散；同时，通过它们的捕杀，可以使得当地野生动物的数量保持相对稳定。也就是说，食肉动物对位于食物链底部的动物具有重要的质量控制作用和数量调节作用。某些地区出现了野猪、野兔、野鸡数量爆发的现象，归根到底与当地的食肉动物被消灭根除或受到大大抑制有关。

雪豹作为西部高原地区的明星物种和旗舰物种，具有非常重要的保护价值和意义；同时，雪豹也是当地生态健康的指示物种，因此我们把雪豹保护好了，实际上同时也保护好了当地的食物链，保护好了当地的整个生态系统。

1）中国的雪豹面临绝灭风险

近年来，曾经远离人类、与世无争的“隐士”——雪豹面临着严重的生存威胁，其自然分布区被大大压缩、隔离，种群数量急剧下降，成为了面临绝灭的濒危物种。是什么因素导致我国雪豹面临如此险境呢？我国学者近年

雪豹的栖息地

来对分布于我国的雪豹生存状态和致危因素做了研究和分析，一般认为下面的因素影响了我国雪豹野外种群的发展。

（1） 人类活动及经济活动对雪豹的影响。随着交通工具的发展使用和对牧场的开发、农场的开垦，越来越多的雪豹优质栖息地被人类或家畜占用，房舍、道路、网围栏等建筑的大量建设致使雪豹分布区面积急剧缩小，栖息地呈斑块状、岛屿化，限制了雪豹的活动范围、迁移和基因交流。家域是动物取食、繁殖及育幼等活动的区域。雪豹对家域面积大小和质量有很高的要求。在我国青海的研究表明雪豹家域面积为100平方公里左右；在印度进行的研究表明，分布在高质量栖息地中的雪豹家域面积是150平方公里；在尼泊尔的研究表明，雪豹的最大家域面积是200平方公里。然而，我们还能提供给雪豹如此巨大的生存空间吗？雪豹是独居动物，往往只是在短暂的繁殖季节，雌雄成体才双栖相伴，如果相互间被阻隔在狭小的活动空间里，彼此间找对象、谈恋爱都很困难，何谈繁衍下一代，让当地雪豹种群数量壮大起来呢？

（2） 食物资源减少对雪豹的影响。过度放牧导致家畜排挤野生草食动物至较恶劣的栖息地采食，降低了野生草食动物营养摄入，导致肥满度下降，甚至营养不良；同时，在某些地区，对野生有蹄类动物的猎杀也使得雪豹的

越来越多的雪豹优质栖息地被人类占据

食物资源数量显著下降。例如，作为雪豹猎物之一的喜马拉雅旱獭，在一些地区已经由于人类为获取其皮毛而导致其消失。没有了野生食物来源，雪豹吃不饱，只能被动扩大活动范围来搜寻、捕猎食物，这不但会增加雪豹的代谢量，又会增大其同人类直接接触的风险。

被非法猎杀的雄性岩羊

（3） 报复性猎杀对雪豹的影响。野外有蹄类数量的减少迫使食肉动物（尤其是老、弱、病、残、孕个体）不得不选择捕猎家畜，如家牦牛、绵羊、山羊和马等。这给当地的牧民造成了一定的经济损失。在某些地方，这种损失可能是巨大的。一些牧民采取极端的保护措施——报复性猎杀。报复性猎杀的目的不是为了获取雪豹的皮毛、骨肉等商业利益，同时涉及当地牧民的“集体利益”，因此这一类违法案件是很难察觉和控制的。狼、狐狸、猞猁等食肉动物也会捕食当地家畜，对它们进行的报复性猎杀并不具有专一性，往往也会殃及池鱼，造成雪豹的死亡。

一头母家牦牛被狼追赶到河道里杀死

（4） 偷猎和活体捕捉对雪豹的影响。雪豹毛皮具有优良的品质和美丽的玫瑰状花纹，偷猎雪豹案件时有发生，如 1990 年，青海省湟中县 5 位农民用携带的 45 套铁踩铗，偷捕雪豹 14 只；2001 年，新疆托木尔峰 2 位牧民用铁铗偷猎雪豹 1 只；2002 年，新疆拜城县 1 位牧民偷猎雪豹 1 只。这只是公开报道的冰山一角，在尼泊尔的加德满都，我国的新疆、西藏、青海等地非法贩卖雪豹制品的黑市贸易仍然很活跃。在新疆，调查人员对乌鲁木齐、喀什、克州、阿克苏等地区的市场进行了实地调查，发现的雪豹制品有整皮、骨骼、掌、爪、牙、鞭等，并且发现大部分雪豹皮张有明显的伤痕、掉毛等现象，推测多为铁铗、绳套及枪击造成的。过去捕猎雪豹主要使用铁制的地铗，通常夹住的是雪豹的前腿，布铗子的人一般每隔 3 ～ 7 天去查看铗子。铗子力量很大，往往造成雪豹骨折，夹住后雪豹就很难逃走。“有一次我去看铗子，发现铗子上只残留下一个雪豹的前爪。原来是铗子的力量太大了，把雪豹的前爪给夹碎了，雪豹拼命挣扎，最后挣破皮肉跑掉了。”这是一名当年下铗子的猎人偷偷告诉我的。跑掉的雪豹的命运也可想而知，面对严酷的自然环境，丧失了锋利的猎杀武器，这只雪豹必然要被自然所淘汰。如果捕捉到了雪豹，经过几天的挣扎和饥饿，雪豹往往是没有力气再和人搏斗了。下铗子的人一般随身带个大木棒，对雪豹的头部一顿猛打，雪豹就此毙命，然后被偷猎者当场剥皮取骨。皮张可以做成

一个防止藏棕熊进屋破坏而下的铗子却夹住了人

衣服卖掉，骨骼可以卖给中药商人。此外，动物园从野外活捕对雪豹种群的下降也不可忽视。如20世纪80年代，仅西宁动物园[1]在青海11个县就收购了雪豹73只，且多数是成体。但是很少见到雪豹在动物园中成功繁殖的报道，即便是有个别的繁殖成功例子，也很难在动物园内发展成可持续的繁殖种群，可以肯定，动物园繁殖的数量远远少于野外捕得的数量。

（5） 传统医药需求对雪豹的影响。在一些传统医药中，雪豹的骨骼、鞭被认为具有和虎骨或虎鞭相似的药用价值，人们依旧保留着把它们入药的传统观念，这为非法市场提供了生存的空间，医药市场的需求为雪豹的偷猎活动推波助澜。

此外，还有一些因素限制了雪豹的种群发展，如炸山开矿、非法采集制作雪豹标本、因投毒灭鼠导致雪豹中毒衰弱死亡等。

2）中国积极保护雪豹的野外种群的举措

雪豹的种群数量如此稀少，已经被国际自然保护联盟（IUCN）列为“濒危物种”（即在可预见的不久的将来，其野生状态下灭绝概率高），同时也被《濒危野生动植物物种国际贸易公约》列为“附录一”物种（即完全禁止该动植物及其产品的国际贸易）；1980年，我国政府制定了《中华人民共和国野生动植物保护管理条例（草案）》曾将雪豹列为国家二类保护动物，这是我国立法保护雪豹等珍稀濒危野生动物的开始；1988年11月8日颁布了《中华人民共和国野生动物保护法》，禁止商业性捕杀野生动物；同年12月10日国务院又批准了《国家重点保护野生动物名录》，并于1989年1月14日公布施行，其中雪豹被列为“国家一级重点保护动物”（即我国特产稀有或濒于绝灭的野生动物，如需要捕猎、活捕等须向国家林业局申请特许捕猎证）；2011年5月国家林业局、公安部联合颁布了《关于森林和陆生野生动物刑事案件管辖及立案标准》，明文规定猎杀1只雪豹即构成“特别重大刑事案件”。上述新疆托木尔峰和拜城县案件中，偷猎雪豹的牧民分别被判处10年和7年有期徒刑，并处以罚金。经过一系列的法制建设和严格的执法行动，大规模非法偷猎雪豹现象已经被有效遏制。

野生动物保护经历了从保护野生动物自身到保护野生动物的栖息地，现在发展到从生态系统水平来研究野生动物的保护。也就是说，单一保护野生动物自身在野生动物保护实践中往往是不成功的。自然保护区是物种就地保护的一种重要形式，可以保证珍稀濒危物种能够在自然状态下得到正常的生

[1] 2008年正式封园，整体搬迁到西宁青藏高原野生动物园。

就是用这台红外照相机拍摄到了野生雪豹的照片

存与发展。近年来我国相继在有雪豹分布的地区建立了一批自然保护区，如青海可可西里自然保护区、青海三江源自然保护区、西藏羌塘自然保护区、西藏珠穆朗玛峰自然保护区、新疆阿尔金山自然保护区、新疆托木尔峰自然保护区、甘肃东大山自然保护区、甘肃盐池湾自然保护区、云南白马雪山自然保护区等；同时随着新技术和新装备在雪豹种群调查中的应用（如红外线照相机、红外线摄像机等），以前不确定有雪豹分布的保护区，如四川卧龙国家级自然保护区、四川长沙贡马国家级自然保护区等相继发现了雪豹的靓影。这些保护区对雪豹的就地保护和种群繁衍壮大起到了积极作用。

3）中国加强雪豹的野外救护、迁地保护工作

雪豹在野外因受伤、疾病、失去母豹照顾及非法偷猎等原因，往往需要实施人工救助。雪豹救助涉及动物生理、营养、畜牧、动物医学等专业技术知识，成功救助雪豹是综合技术实施的结果。2000 年以来，国内野生动物救护中心和动物园等单位对多只雪豹进行了成功救护，取得了丰富的救助、饲养管理和疾病防治经验，公开报道的有：西宁动物园（2000 年）2 只和乌鲁木齐动物园（2005）2 只，救护的雪豹均为幼体。雪豹终年生活在气候寒冷、光照充足的高寒地区，其形态、生理生化、行为等均与之相适应。被救护的雪豹（往往是幼体）脱离了原自然栖息地，在动物园内存活率很低，存活时间也不长，如西宁动物园 2000 年救护的雪豹仅存活不到 1 年。如何解决救护中这一“瓶颈”问题，仍需要相关科研工作者和动物养殖专家不断地努力探索。

西宁青藏高原野生动物园救护并进行迁地保护的雪豹（2012 年 7 月）

在海拔相对较低的动物园，雪豹即便闯过生存关，发情、繁殖也难，世界上在动物园内雪豹繁殖成功例子也不多。西宁动物园廖炎发研究组利用西宁独特的地理优势，采用模拟雪豹野外栖息地条件的饲养方法，首次解决了我国人工饲养条件下雪豹的发情繁殖问题，1984 年雪豹在西宁动物园内发情、交配成功，顺利产仔 3 只。可惜的是，自此以后没有再次繁殖成功的公开报道，至今未形成饲养繁殖种群。

4）中国对雪豹积极开展的科学研究工作

囿于科研资金短缺、雪豹栖息地严酷的自然环境和雪豹本身的隐秘行为，我国科技工作者对雪豹这一珍稀濒危物种进行的科学研究开展得较晚，水平也有限，与“雪豹第一大国”的身份显得颇为尴尬。

早期的科学研究多见于全国或地方的动物区系研究或动物志、经济动物志、药用动物志等，主要偏重于对雪豹的分类介绍和经济价值的描述，也有简单的生态学方面的陈述。改革开放以来，随着国家经济实力的增长和人们对野生动物关注度的提高，越来越多的生物学家、环保主义者、政府官员和普通民众把雪豹视为最美丽，也最神秘的一种大型猫科动物，越来越多的生物学家也怀着对雪豹的浓厚兴趣而走进雪山，走进雪豹的隐秘世界。

经过几代科学家的努力，进入 21 世纪以来，我国关于雪豹的科研论文无论是数量还是质量都得到了显著的提高，涌现了一批以研究雪豹见长的科研队伍，研究足迹遍布我国西部各个省份。

5）中国积极开展对雪豹的科学普及工作

保护濒危物种并不全是科学工作者的事，同时也离不开民众的关注、关心，只有形成保护合力，濒危物种才能得到健康生存和发展，这对雪豹的科学普及工作显得尤为重要！

作者对当地牧民进行雪豹等野生动物保护的宣传

雪线的精灵、美丽的花纹、隐秘的习性和濒临灭绝的状态，雪豹有吸引民众眼球的任何要素。对雪豹科学普及的渠道和载体有很多，如期刊、网络论坛、电视电影、新闻报道、专题报告、活体或标本展览等。其中，作为传统的科学普及阵地——期刊仍然具有重要的地位和作用。我国也不乏以野生动物及自然生态保护为主题的期刊，如《大自然》《大自然探索》等，在雪豹的科普宣传中占据了主导地位。众多雪豹科学工作者和专栏作家笔耕不辍，为我国保护雪豹工作贡献了大量文学作品。近几年，关于雪豹的大量信息如雨后春笋一般出现在网络上，网页宣传、论坛讨论，成为雪豹宣传、研究、保护的又一个重要阵地。

12　藏棕熊的故事

传说，在喜马拉雅山人迹罕至的雪山峻岭中，生活着另外一种人类——“雪人”。据说他们能像人一样直立行走，穿着灰白色的毛皮衣服，个头比人高，留在雪地上的脚印与人的相似，只是略长一些；甚至有人还说曾看到他们手里拿着一种像棍子一样的东西。传说中“雪人”与世隔绝，安静地生活在高山深处，神龙见首不见尾，只有极少数的人曾经目睹到他们。“雪人”如同《消失的地平线》中所描绘的住在香格里拉深处的人，充满了神秘色彩。

也有传说，在西藏东部有一种动物叫“人熊”，他们能像人一样骑马，也会直立行走，有时还像人一样戴着帽子。“人熊”生活的地方海拔要低一些，见到的人也比较多，描述起来眉飞色舞，就像曾经去“人熊”家里做过客、唠过家常一样熟悉。

这些带有神话色彩或传奇色彩的故事强烈地吸引着我，难道他们是目前仍然没有被发现的人的另外一个新亚种？就像现在的人分为黑色、白色和黄色人种一样，这个世界还存在着“雪人”这种人种吗？然而，随着我深入青藏高原，深入当地人社区，我越来越相信，传说中的“雪人”“人熊”其实都是一种野生动物，它就是藏棕熊。

棕熊属于食肉目熊科，通常把它看作是杂食动物，是与我们人类一样的。棕熊广泛地分布在欧洲、亚洲和北美洲，是典型的全北界物种。棕熊在世界上有多个亚种，其中在我国青藏高原演化成特有的一个地理亚种——藏棕熊。藏棕熊体长可达到 2 米，体重约 200 千克。全身毛被浓密而长，背毛长达 15 厘米，体侧毛更长，约 20 厘米，毛被颜色以棕色为基调。因为脸长似马，所以它又被称为“马熊”，当地人称其为“哈熊”，藏语叫“折蒙”。

藏棕熊属于面临濒危的野生动物，是国家二级重点保护动物，被《濒危

可可西里的藏棕熊正在准备捕食鼠兔

野生动植物物种国际贸易公约》列入“附录一”物种（即完全禁止该动物及其产品的国际贸易）。藏棕熊数量稀少，有人估计野生数量不超过 6 000 只。

2004 年开始，我对藏棕熊的研究兴趣与日俱增，主要关注它的行为生态和物种保护研究。比如，藏棕熊会爬树和游泳，但青藏高原大部分地区（包括可可西里）没有树，它没有向我展示过爬树的绝技，但它的游泳技术的确不错。2007 年在可可西里，我远远地看到一只藏棕熊正在挖掘鼠兔洞穴，于是我开车悄悄地向它靠近，一直到距其 10 米左右。这只藏棕熊太专注于挖掘洞穴了，居然没有丝毫的警觉。因为车头笔直地朝向熊，不方便架设录像设备，于是，我慢慢地打开车门，想下车倚靠在车门上找个好角度进行拍摄。然而，我刚一下车，藏棕熊立即警觉起来，发现我之后马上放弃挖掘，转身向远方跑去。以后也发生过几次类似的事件，即人若在车上，不要发出声音，熊不会警觉，一旦人下了车，熊即会迅速逃跑，似乎在它看来，人车一体的时候对它没有危险，而单独出现的人却是不折不扣的“危险分子”。熊的听觉和视觉较迟钝，但嗅觉十分灵敏，因此，也可能是车散发出的汽油味掩盖了人的气味，一旦人下了车，熊即会嗅到人的味道而逃跑。在望远镜里，熊跑起来时胖胖的屁股摆来摆去，姿势显得十分笨拙、可爱。大约 500 米处有一条河，那只熊毫不犹豫地跳进河里向对岸游去，头露在水面上，游的速度很快，泳技果然不错。别看熊平常行动缓慢，但跑起来速度却很快，时速甚至可达 30 ~ 40 公里。

2005年4月25日，我正在青海都兰沟里乡智玉村五队进行雪豹栖息地考察。清晨没有一丝风，头天晚上下的雪薄薄地覆盖在地面上，周围静悄悄的，只见几个早起的妇女正围着牦牛挤奶，四周宁静而安详。我和藏族向导三科准备骑马到石屋龙调查雪豹痕迹和岩羊数量。路途有点远，一路上我和三科在马背上打着瞌睡，马蹄声在山谷里显得格外清脆。突然，马不再向前走了，低着头在地上嗅着什么，然后不停地晃着脑袋打着响鼻。我一下子清醒了，不知道发生了什么事情，用力拉着缰绳，用脚尖磕着马肚子，催促马向前走，马却不安地在原地转着圈，死活不肯走。还是三科富有经验，立刻小声而急促地跟我说："不要动！有野兽！"从马匹的反常行为和三科的急促语调中，我感觉到似乎有什么危险正向我们靠近，不由得也紧张起来，紧紧拉住缰绳。三科翻身下了马，俯身观察被马嗅过的地面，我也跟着下了马，凑过去看。雪地上有一行足迹，我仔细一看，正是藏棕熊的足迹。足迹非常新鲜，昨夜下的雪被踏实，脚尖带起来的雪粒晶莹剔透还没有融化，显然这只藏棕熊刚刚从这里经过。我判断这是一只刚刚从冬睡中醒来的熊，附近必然有它的卧

雪地上藏棕熊的前掌痕迹

研究地区山体高峻，人迹罕至，只能依靠马匹到达研究地点（三科摄）

息之地，是我们的声音吓走了它。逆着足迹寻找，果然在山崖下方的矮灌木丛中发现了一个被熊压得平平整整的痕迹。我对这个卧息点做了相应的测量和拍照，然后要上马继续前行，但三科却不愿意再往前走了，认为前方有“哈熊”，不安全，要我跟着他返回家里。当地藏民对熊是比较敬畏的，不单单是因为它比较危险，更是因为它可以像人一样直立行走，杀死一只熊在藏传佛教看来和杀死一个人的“业力”是一样的。我百般劝说，三科最后答应继续前行。但脚印最后却消失在砾石间，我们没能见到这只熊。

藏棕熊通常在 10 ~ 11 月到向阳险峻的山崖或僻静的山坡寻找山洞进入冬睡状态，直到来年 3 ~ 4 月冬睡醒来。冬睡期间母熊会产仔，通常一胎产 1 ~ 2 仔，偶尔也有 3 仔。因此，冬睡前熊需要采食大量食物以贮膘增肥，在约半年的冬睡时间里，熊就是靠这些脂肪来维持生命，哺育幼仔的。因此，冬睡前的脂肪积累对藏棕熊来说非常重要。近几年，在青海玉树藏族自治州、海北藏族自治州等地频频发生冬季藏棕熊伤人、致人死亡事件，据我分析，原因可能有两个。其一是熊是冬睡而不是传统意义上的冬眠，即熊在过冬时呈一种睡眠状态，如果遇到惊扰随时可醒来，惊扰可来自爆破、枪声、汽笛、在洞口大声吆喝等一切巨大噪声。惊醒后的熊不再继续冬睡而是开始游荡采食，而在冬天食物匮乏，熊有时不得不到人类居住的地方寻找食物，致使发生人熊冲突的概率大大增加。其二是当地生态系统被破坏，熊在冬睡前没有捕捉到足够的食物，没有储备足够的脂肪，在冬睡时因饥饿而醒来。曾经有只熊在冬天闯入牧民家里，咬死几只家畜和牧犬，这只熊最终被打死，解剖后发现它的身体和内脏没有任何脂肪附着。

2013 年 5 月，我和几个专家到玉树藏族自治州的曲麻莱县、治多县、囊谦县做了人熊冲突的专项调查，发现近年来人熊冲突在各个牧区有愈演愈烈的趋势。冲突不仅造成当地牧民的经济损失，更悲惨的是冲突还造成了牧民的伤亡。分析其原因，一是随着草场的大面积退化，牧民放牧和定居越来越深入到原藏棕熊的栖息地，熊可能会进入家畜圈或牧民家里寻找食物，当牧民试图赶走熊时，由于政府严格控制枪支，牧民只能采用非伤害性的办法，这样很容易发生熊伤害人的事件；二是携仔的母熊为了保护幼仔，在与人相遇时会主动攻击人；三是在双方都没有发觉对方的情况下猛然遭遇，熊为了保护自己而伤害人类。因此，在对待人熊冲突问题上，我建议采取退让的保守方法，即不再把熊当成“害兽”而猎杀或驱赶，并退牧还草，人撤离熊的原有栖息地；另外，尽量多人结伴在有熊出没的地方行走，如果是单人的话，尽量要通过吹哨子、敲铁片等方式“通知”熊，让熊早早避开。

藏棕熊“偷食”牧民家面粉后现场一片狼藉

如果在野外意外地遇见了熊怎么办？记得初中时学过一篇英文课文，大意是两个好朋友一起到山里去，不幸遇到一只熊，一个人迅速地爬到树上，另外一个因没有人帮忙只能在树下装死。熊在装死的人耳边闻了闻就走开了，树上的人下来问熊对他说了些什么，他说了一句经典的话：A friend in need is a friend indeed（患难朋友才是真正朋友）。在学习这篇课文后，我就想如果我遇到熊，也装死，熊就不会伤害我了。不过，现在看来这个经验大概只适用于应付生活在森林里的熊，如果在青藏高原遇到了藏棕熊，就不管用了。在低海拔地区，棕熊是传统意义上的杂食动物，但在青藏高原，尤其是在可可西里，我的研究结果显示，由于缺乏足够多的植物果实、草茎和草根，生活在这里的熊的食物组成已经发生了改变，主要以肉为食物，比如鼠兔、旱獭等；另外，藏棕熊对死亡的动物尸体也很感兴趣，它可以吃腐肉。因此，在可可西里遇到熊，人千万不能乖乖地躺下让它尽情享用哦！

一般来说，除非饿极了，熊通常不会主动把人作为猎物。因此，在野外防熊的最好办法就是远离熊！不要给熊吃掉你的机会，比如通过哨声、敲击声等提前吓走熊。万一不幸遭遇了，也不要慌乱，毕竟熊没有把你当成食物，只要你没有表现出来企图要伤害它，它一般不会非要致你死地的。因为我在野外一直比较小心，所以没有突然遭遇到熊的经历，但我的朋友们却曾经遭遇过。都兰县林业局的工作人员石运宏曾经跟我讲过他的经历，有一次他和一个向导到山上调查野生动物，在一个悬崖拐弯处，突然听到了一种类似摩托车发动时的低沉声音，他们觉得很奇怪，在这深山里怎么会有摩托车呢？带着疑惑，转过悬崖，一只藏棕熊即出现在眼前，相距不到 20 米。熊早就发现了他们，正抬着头低吼着发出警告呢。距离太近了，他们两个人吓得双手紧紧地夹着身体，动也不敢动，熊也不动，就这样僵持了一小段时间，最后还是熊慢慢转身离开。等熊离开了视线，他们俩如遇大赦一般转身跑回了营地。青海省野生动植物和自然保护区管理局的蔡平曾经给我讲过美国博物学家夏勒博士遇见熊的故事。有一次天将黑了，夏勒博士带着两个学生正在治多县一座山里调查动物，突然也和一只藏棕熊遭遇了。夏勒同样非常冷静，缓缓地举起了手，学生也跟着举起了手，好似投降一般。同样，熊也没有主动攻击他们，僵持了一段时间后，也是熊先转身走掉了。这两个与熊遭遇的例子告诉我们，遇到熊并不可怕，一定要保持镇静，不能歇斯底里地大吼大叫，不要刺激到熊，更不能主动攻击熊；眼神要尽量柔和，手尽量不要乱动，要表明你的善意；手缓缓举起，表明你没有攻击意图，同时举起的手也会让你显得更加强大，野生动物通常不会攻击比它更强大的动物。

在玉树藏族自治州调查人熊冲突时，我特意收集了被熊致死的受害人照片，我发现他们死后遗容有一个共同点，就是脸成为熊主要攻击目标，脸上皮肤往往被熊撕扯掉或抓毁，而身体上却没有受到较大伤害。为什么会这样呢？我分析当这些人与熊意外相遇时，脸上的表情充满了恐惧，同时大喊大叫刺激了熊。可以合理想象，当熊与人意外相遇时，野生动物毕竟是怕人的，心里也会紧张，当它看到一张因极度恐惧而变形的人脸时，为了消除自己的紧张，人的脸部便成了熊的主要攻击目标，惨剧因此发生了。所以，镇静是人遭遇到野生动物时安全脱逃的首要条件，在此基础上再思考、决定采取什么策略确保自己的人身安全。

2005 年 6 月，我们为了近距离观察研究藏羚羊的产羔行为，在卓乃湖畔搭建了一个前进营地，在里面存放了一个星期的给养。每天一大早我们出去进行观察研究，直到傍晚才回来。有一天，我们又早早地出去了，等到工作结束返回到营地时，发现营地一片狼藉，所有食物的塑料包装都被撕扯开，装食物的袋子也被撕裂，食物被丢弃得到处都是，锅碗瓢盆等生活用品也被丢出了帐篷。“无人区”里几百平方公里内没有人烟，是谁干的呢？我们很好奇。走进帐篷，我蹲下来仔细观察火炉、帐篷杆等具有棱角的地方，果然在上面发现了一些毛发，拿到明亮的阳光下仔细辨认，原来是藏棕熊干的！营地附近留下的足迹也说明的确有一只藏棕熊来过。估计这只熊游荡到我们的营地，发现里面没有人，就大摇大摆地走进帐篷，该吃的吃，该喝的喝。酒足饭饱了，再撒一通野，显示显示威风！

2004 年 11 月，我们在西金乌兰湖畔发现了一双奇怪的脚印，脚印陷在湖畔的泥地里非常清晰。粗略一看，非常像人类的脚印，但蹲下来仔细观察，却发现这是一双藏棕熊留下的足迹。一是没有人类特有的足弓。只有人类是完全直立行走的，经过长期的进化，人类形成了适用于直立行走的特有

前进营地被藏棕熊攻陷了

结构——足弓，在足迹上会留下它存在的痕迹。而这个足迹却没有；二是足迹前端有明显的爪印，在地表面呈现为圆洞状态。熊、狼等的爪不像猫科动物的一样可以自由缩回，在地面上必然会有痕迹留下来，而人类的趾甲即便是长时间不修剪也不会这么长，毕竟人在行走时，会对趾甲造成磨损、断裂。不过，这双足迹太像人的脚印了，我们开玩笑地说：在可可西里也有野人！熊在捕食家马的时候，往往会跳到马背上给马增加负重压力，远远望去便如熊在骑马一样；熊有时由于捕食的原因，头上会沾满牛粪或其他附着物，同样远远望去就像戴着帽子似的；藏棕熊的毛皮颜色并不是保持一种颜色不变，不同年龄的个体，不同体质的个体，毛的颜色是多变的，从典型的棕色到灰白色都有，有的人远远望去，甚至会把体毛呈半棕半灰色的老年个体认作是大熊猫。至于“野人手里拿着棍子”的传说，只要到西宁青藏高原野生动物园

西金乌兰湖畔藏棕熊的后足足迹

西宁青藏高原野生动物园里的黑熊在舞弄一段大木棍

去观察熊，就会发现那是熊在玩耍或掀开木头翻找食物呢。

在可可西里，藏棕熊的主食不再是植物的果实和根茎，而是鼠兔、旱獭等野生动物及死亡动物的尸体。从某种意义上讲，它已由以植物为主食的杂食动物变成了以肉为主食的食肉动物，不能不说这是藏棕熊对青藏高原极端环境的一种在食性上的适应。鼠兔和旱獭是穴居动物，但它们的洞穴并不是牢不可破的，藏棕熊是可可西里的“挖洞专家”。通常情况下鼠兔和旱獭是藏棕熊的主食，它可以追逐并猎杀它们，如果它们钻到了洞穴里，熊会用强有力的前爪挖掘洞穴，左一挖右一挖，左右开弓，直到把里面的鼠兔捕捉到为止。挖掘洞穴是个很大的工程，尤其是旱獭的洞穴，不仅深而且分支多，只要看看挖掘后的痕迹就很清楚了。鼠兔体重通常不到 200 克，而藏棕熊体重可达 200 千克，二者相差悬殊，很难想象一个如此巨大的动物却要依靠一个如此微小的动物生存！ 19 世纪俄国探险家科兹洛夫曾经在青藏高原北部猎杀了一只正在捕食鼠兔的藏棕熊，在剖开胃时发现里面竟然有 25 只鼠兔。

可可西里的巡山队员曾经给我讲过一个有趣的故事，我不知道是否确有其事，因为我在野外没有观察到这样的现象，在这里权做本章最后一段吧。可可西里的旱獭都属于一种，即喜马拉雅旱獭，它们营群居生活，通常祖孙

藏棕熊挖掘鼠兔洞穴的痕迹

三代都生活在同一个洞穴里。藏棕熊在挖掘洞穴时，一只性子比较急的旱獭会率先逃跑出来，藏棕熊立即抓住了它，把它夹在夹肢窝下面，然后继续挖掘洞穴。此时另外一只也跑了出来，熊又把它给抓住了，然后把它夹在夹肢窝下面，再接着挖掘，如此往复，藏棕熊觉得抓了很多只旱獭了，往夹肢窝下一看，只有最后那只倒霉的旱獭还在！其他的早已逃之夭夭了……

肥肥的喜马拉雅旱獭是藏棕熊的主要食物之一

13　我是捡粪的

我们在卓乃湖畔扎下了营地。一大早起来，崔庆虎博士在准备对藏羚羊进行数量调查的工具，曹伊凡老师在忙于制作捕捉鼠兔的套子，我和吴国生在营地里没啥事情可做，帮着曹老师做了几个套子后打算一起到湖边走走。“不要穿鲜艳的衣服，”曹老师看见我们要出去，大声地提醒：“尤其不要穿红色、橙色的衣服！”听到他的提醒，我们赶紧换上了全灰色的冲锋衣和裤子，衣服上不带哪怕一丁点儿红色或橙色的装饰色彩，后来才知道这是攸关生死的细节啊！计划中午就在湖边吃饭，所以我们背包里放了些矿泉水、面包和香肠之类的便捷食品。装好食物后，我又往背包里塞了一大沓厚厚的牛皮纸信封。一个信封的重量可以忽略，但100多个牛皮纸信封叠放在一起可就很重了，并且鼓鼓囊囊很占空间。小吴很奇怪，在旁边静静地看着我这古怪的行为，终于忍不住问我信封的用处，我神秘地一笑：“保密，山人自有妙用！”

在平均海拔4 800米的卓乃湖畔空手行走都是一件很吃力的事情，何况我们还要背着重重的背包，胸前挎着重重的照相机、望远镜、测距仪和GPS手持机。高原清晨的温度很低，我们静静地走着，急促的呼吸声和沉重的脚步声打破了清晨的寂静，一会儿我们身上就冒出了热汗，浸湿了内衣。小吴走在我后面，回头一看，他头上冒着白白的蒸汽，加上呼出来的水汽，俨然得道神仙一般，想来在小吴的眼里我也是如此吧。走出去大约1公里，到了一个地势相对高的土坡，站在土坡上可以望见我们的宿营地。我打开GPS手持机，开始记录我们出发的位点和一路的航迹（因为带的电池不多，为了尽量节省电量，能不开机就不开机），一方面是科学研究需要，另一方面也可以随时知道我们的具体位置，即便迷路了，跟随来时的航迹原路返回就可以了。

走着走着，我突然弯下腰，开始对着地上的一堆东西拍照、记录，然后

从背包里取出胶皮手套和一个牛皮纸信封，把这个东西小心翼翼地放到信封里。小吴感到很诧异，紧走几步来到我旁边，发现我竟然是在对着一坨干干的粪便拍照，居然又把这坨粪便装入信封中放入背包里！他觉得很恶心，强烈抗议我把粪便和食物放到一起。我也笑了，平时是我一个人在野外做研究，背包只有一个，只能如此。“它们各有包装，食物是密封包装的，食物和粪样外面还各套了一个大大的塑料袋子，不会被污染的。”我试着打消小吴的疑虑，但还是把我背包里的食物都转移到小吴的背包里，空出来的背包用来存放装满粪样的信封。小吴体力好，又是个热心人，很愿意替我分担重量，但不明白我为什么要给一坨粪便拍照，还把它像宝贝似的装在背包里，揶揄着问：“你这个大博士怎么成捡粪的了？”

我拉着他蹲下来，指着一坨粪便说：“这是藏棕熊的粪，通过研究，它可以告诉我们很多信息。”在野生动物生态学研究中，尤其涉及食性分析（动物的食物种类和数量）问题时，研究分析野生动物的粪便样品（简称粪样）是一门必修的学问。野生动物在找到适合的食物后，食物经过消化道的消化作用和吸收作用，不能被吸收的食物残渣形成粪样排出体外。不同种类的动物形成的粪样在外形上具有不同的形态，偶蹄类动物，如藏羚羊、藏原羚等，

藏棕熊的粪便，对它进行分析可以得到藏棕熊的食物组成和比例等信息

扎在青藏苔草上的藏羚羊粪便

粪样多呈圆球状，有的粪样中还含有未消化完全的植物纤维。野牦牛的粪样和家牦牛的基本相同，藏野驴的粪样和家马的也基本相同。食肉动物如狼、雪豹等，粪样多呈绳索状，其中还夹杂着没有消化完全的动物骨骼、毛发、指甲、蹄、角和鸟羽等残留物。杂食性动物如人、野猪和熊等，粪样多呈坨状。另外，粪样的大小也直接反映了动物个体的大小，如成体藏羚羊的体型比藏原羚要大一些，粪样通常也较大一些。作为一名野生动物生态学研究者和保护者，通过不断的学习和观察，熟悉并能快速而准确地识别研究地区常见的野生动物粪样，这也算是一项基本功。

我们采集野生动物的粪样能做什么工作呢？首先，通过它可以推知动物的食性。以前，研究动物的食性主要通过肉眼或借助望远镜等设备来直接观察动物在吃些什么，这种方法的优点是能真实地看到动物正在采食什么，但缺点是观察费力耗时，同时对于一些体积小的食物或不宜用望远镜识别的食物容易产生较大的误差。另外一种方法是胃内容物法，即杀死野生动物以取得胃，然后将胃解剖，分析研究胃里面未完全消化的食物。这种方法分析结果也比较准确，但由于过于残忍和不符合现代环保理念，尤其在濒危、珍稀动物上不适用，目前这种方法除了应用于有害动物如老鼠外，已经不再被使用了。但如果遇到那些意外死亡的动物个体，就为这种方法的使用提供了宝贵的机会。前几年曾经有一母一仔两只藏棕熊被车辆撞死，我通过解剖它们

的胃得到了相应的食性数据。通过捡拾野生动物的粪样来分析其食性，这是一种对动物非损伤性的研究方法，目前被野生动物研究者广泛采用。野生动物吃下去的食物虽然经过了消化和吸收，已经很难在整体形态上做出识别，但仍有一些特殊的组织或细胞不易被消化分解，可以作为不同物种或属的鉴定特征，如植物表皮细胞的形状和大小，气孔的大小和密度，表皮毛的有无及形态，以及动物的骨骼、毛、发、蹄、角、羽等。通过动植物显微组织学技术进行分析、比对，仍然为我们打开了一扇窗口，以窥其食物组成和各种食物所占的比例。

使用该方法，首先要在粪样收集地区采集所有的动植物标本，再进行物种鉴定确定其种类，经过实验室处理制成标准玻片，在显微镜下逐一观察，寻找可以与其他物种区别开的、在分类鉴定上有意义的特征，如植物细胞壁上结构特殊的刚毛，或者动物毛发的鳞片、髓质等独特的结构，熟记这些特征并制成检索表。然后将粪样也按同样的方法进行实验室处理，制成同样的玻片，在显微镜下仔细观察，找到这些刚毛或鳞片等特征。最后通过与标准玻片进行认真的比对、检索，确定这些细胞壁或毛发等属于哪个物种。通过这种方法我们就可以知道野生动物吃了哪些食物，进一步比较这些食物的相对频次或生物量，还可以知道这些食物在野生动物食物中所占的不同比例和重要性。当然，随着科学技术进步，新的研究方法也相继被提出和使用，如利用 DNA 技术，对粪样中的动植物残留样品进行鉴定以确定其种类，虽然费用较高，但较动植物显微组织学技术方法更准确，花费的时间也较少。

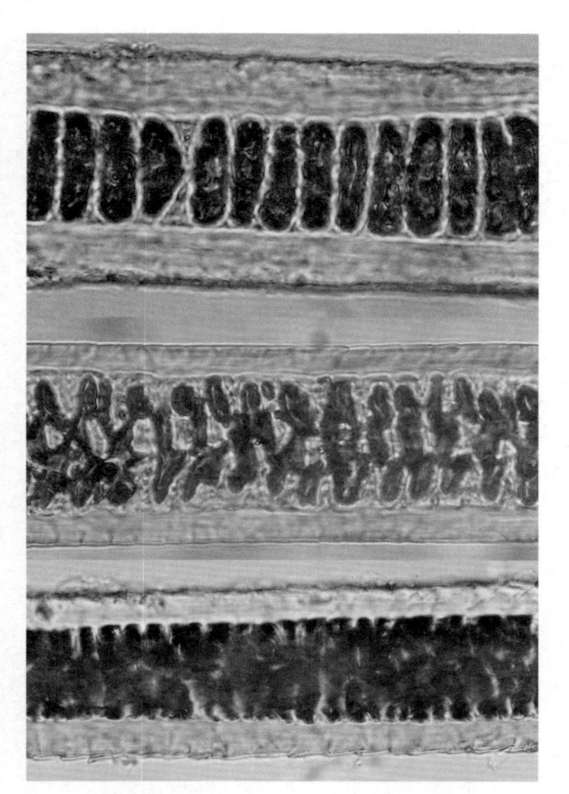
野生动物毛发的显微结构（从上到下依次为藏野驴、喜马拉雅旱獭和岩羊不同体位的毛发，放大比例不同）

其次，可以通过野生动物的粪样确定它的栖息地特征。哪里有野生动物的粪样遗留，就说

作者在可可西里采用样方法测定植被盖度和地上生物量（李忠秋摄）

明曾经某个时候这个动物在这个地方栖息过，我们可以定量测量这个环境的某些特征来分析动物选择出现在这个环境里的原因，再与野生动物没有栖息过的环境做对比研究，可以解决野生动物栖息地选择的问题。通常来说这些环境特征包括环境的生物特征（如植被类型、植物的种类和数量、生物量等），地理特征（如海拔、土壤、坡度、坡向、坡位、距离水源地的距离等）和人类活动干扰特征（如人类干扰类型、强度以及距人类活动痕迹的距离等）等。

此外，通过分析研究野生动物粪样，我们还可以探索动物的消化动态、疾病（尤其是寄生虫病）、家域、评估种群数量、遗传结构以及建立当地生态系统的食物链和食物网、能量流与物质流等信息。

因此，就不难理解在野外发现藏棕熊的粪样我会如此高兴了。我小心翼翼地将粪样放入牛皮纸信封中，在信封上用油性记号笔注明采集时间、采集地点、照片编号、GPS 位点和海拔高度等信息，这样才不至于与其他时间和地点采集的粪样弄混，如果没有这些信息，辛辛苦苦收集的粪样将失去它的科学研究价值。每个粪样都拍摄一张照片，是为了日后万一弄混了或出现某

在卓乃湖畔对采集到的藏棕熊粪样进行干燥处理（吴国生摄）

种错误，可以根据照片信息进行补救。青藏高原风大，光照强烈，新鲜的野生动物粪样很快就会形成一层硬硬的外壳，但粪样内部仍是潮湿的，因此回到宿营地后还要将装有粪样的信封在阳光下曝晒，以便粪样充分干燥，便于运输。小吴听了我的解释，连连说想不到野生动物粪便居然有这么重要的科研价值。于是乎，跑前跑后，又替我收集到了几份藏棕熊粪样，俨然成了我的得力助手。

就这样我们一路行走、一路捡拾、一路测量，很快就来到了湖边。昨晚刚下过雨，湖边的土地吸饱了水，软软的；湖边堆积了厚厚一层干枯的水草残枝，走在上面松松软软的，伴随着咯吱咯吱的响声，我甚至担心它们会不会突然像流沙一样带着我沉下去。远离城市的喧嚣，更没有工业污染，湖边静谧而纯洁。近岸的湖水清莹透彻，拍打着岸边的细沙，忍不住把手伸入其间，犹如感受到母亲温柔的抚摸，轻柔舒缓；远处的湖面则变幻着色彩，由浅蓝弥散为深蓝，泛着闪闪的光，或者增添上一抹翡翠绿。在阳光照射下，湖边的小土丘笼罩在白茫茫的蒸汽中，加上远处昆仑雪山的映衬，宛如仙境。这里藏棕熊的粪样比较多，软软的土地上也留下了很多脚印。看着这些新鲜的脚印，我和小吴未免有些紧张，万一有只藏棕熊正在附近活动的话，我们两个冒冒失失地闯进来，侵犯了藏棕熊的领地，那可不是好玩的啊！海拔 4 800 米的卓乃湖畔只有我们两个人在活动，顿时感到湖边寂静得有些吓人，万一有个意外情况连帮忙的人都没有，大老远赶来就更不可能了。我们只好大声地说着话，时不时站直了身子，大声吆喝着，偶尔还吼几句信天游，以期能吓跑可能隐藏在附近的藏棕熊！

高原湖泊中往往生长有眼子菜等水生植物，残体堆积在湖畔

卓乃湖畔藏棕熊的足迹

临近中午，我和小吴找了一个地势较高、窝风向阳的山丘开始吃午饭。盘腿坐在潮湿而温暖的高寒草地上，眼前白云蔼蔼，湖水湛蓝，阳光熏熏，雪山耀眼，恐怕世界上再没有如此广阔而美丽的“餐厅”了吧！清风拂来，这美妙的感觉在任何一家城市餐厅都找不到。我们俩边吃边欣赏着美景，也算是对我们辛苦工作的奖赏吧。正吃着，小吴突然偷偷地拉了拉我的衣角，眼里充满了惊异。我顺着他的视线转头望去，发现大约 30 米外一头野牦牛也正愣愣地看着我们！原来我们只顾着往嘴里塞食物，早把警惕性抛到九霄云外了。而这头野牦牛也心无旁骛地顺着山丘吃草，竟然转到我们眼前了！如此近的距离，如此的不期而遇，气氛顿时紧张起来。要知道，在高原上野牦牛可是以体壮力大、脾气暴戾而闻名啊，生起气来，它连正在行进的越野车都敢冲撞，何况我们两个手无寸铁的“文弱书生”！它盯着我们，我们盯着它，都不敢稍动，我心里盘算着如果野牦牛真的冲过来，我们俩可真的就“献身科研事业”了。不过，平常看见野牦牛都只能远远地眺望，不能近身，今

天可是近距离拍照的绝佳机会啊！强忍着恐惧，我上半身努力保持不动，手非常缓慢地伸向了相机，又非常缓慢地举到了眼前连拍了数张照片，慌急之中，也来不及考虑对焦和构图（等我回到宿营地翻看照片，这几张照片是我拍摄所有野牦牛照片中效果最好的）。幸好，这是只雌性野牦牛，“大家闺秀”，脾气稍微好一点，抑或今天它也很高兴，加上我的动作和衣服颜色也没有刺激到它（感谢曹老师！），和我们凝视了一会儿后，它缓慢地转过身子，接着就一路狂奔而去。我和小吴早已提到嗓子眼的心一下子落了下来，急忙站起来壮胆式地大声吆喝着，目送它一路远去。大约跑出去1公里，野牦牛停住了脚步，回头眺望着我们，似乎也在为刚才的不期而遇感到释然。

野生动物的粪便可以提供给科学工作者很多信息，但有时也会制造一些小插曲、小混乱。2006年4月，我在沟里乡研究雪豹的种群数量和栖息地选择。有一天下午4点多钟，按计划我要爬到石屋龙和假屋龙交界的山垭口上放置

自然、美丽、宽敞无比的大“餐厅”

就是和这头野牦牛小姐不期而遇

红外线触发照相机。之前的连续几个晴天使得地表温度逐渐升高，阳坡的雪已经融化殆尽，露出了灰黄的土地和斑驳的山石。但山沟里的溪流仍然冰封着，覆盖着薄薄的雪。我来到山脚下，抬头向山垭口眺望：那里海拔 4 300 米左右，需要攀爬约 300 米高的岩石坡才能抵达。简单整理了一下厚厚的冬衣和背包，拽着小灌木和高草，蹬着岩石的窝角，我小心翼翼地向上攀爬。早春的下午，阳光熏熏，没有一丝风，爬了没多久，就热得浑身是汗，背包变得越来越沉重。还有约 50 米就可以爬到垭口的时候，累得我双腿发软，热得我口干舌燥。于是停下脚步拂去额头的汗水，打算喝点水再继续攀爬。记得出发前我曾经放了一瓶矿泉水在背包里，因此，当打开背包看到矿泉水瓶时，我急不可耐地拧开盖子，毫不迟疑地喝了一大口，紧接着却把这口水狂喷了出来！原来我喝到嘴里的不是无味的矿泉水，而是一股充满强烈刺激性气味的“水”！顾不得口腔里的强烈异味，我急忙仔细端详这瓶像水一样的液体：“水”是无色的，放在包装完好的矿泉水瓶里，瓶子的外包装也没有任何特殊标记。放到鼻子前再嗅嗅，刺鼻的气味熏得我恶心。这时才想起，从北京出发时，我的师妹张芳芳博士曾经交给我几个矿泉水瓶，告诉我如果在野外见到雪豹的肌肉组织样品可以放到这些瓶子里。瓶子里她已经预先装好了化学药品，可以

就是在这个山上作者喝了“100 度的酒”（东周多杰摄）

防止肌肉组织的DNA裂解和破坏。我在装背包时，误把这两瓶药水当成了矿泉水。“化学药品？”我头脑里立刻想到了卡诺固定液、福尔马林（甲醛溶液）、秋水仙碱（又称秋水仙素）等常见的药品名字，这些可都是具有强烈毒性的液体啊！

尽管我反应很快，把大部分液体吐了出来，但因为实在是口渴极了，还是有一部分液体已经流进了食道和胃里。此时感到胸腔异常难受，一定是那些毒药在侵蚀我的食道和胃吧！于是我尝试着把中指伸进喉咙里催吐，却怎么也吐不出来。丢掉背包，甩掉大衣，放下望远镜和照相机，我急忙向山下的溪流跑去，这个时候早已感觉不到热和疲累了。一路顾不得危险，连滚带爬地跑到了溪边。我用厚厚的登山鞋跟使劲地踹着冰面，脚很痛却没有效果。环身四顾，发现溪流边有一块尖尖的石头，一半露着，一半埋在薄雪里。我用脚猛踹石头，一下，两下，石头终于“活”了；捡起石头用力砸向冰面，一下，两下，连续砸击了十几下，终于砸出了一个洞，清冽的溪水汩汩而出。顾不得冰水的寒冷，我双手捧起带着冰碴的溪水就喝，漱漱口，再吐出来。发现这样不方便，便干脆将整个身子趴在了冰面上，直接对着溪水喝。喝了几口水，又把食指伸向了喉咙深处，胃一阵痉挛，内容物终于被我催吐了出来！再喝上几大口冰冷的溪水，接着催吐……如此反复进行了几次，最后感觉胃里空空如也；连累带吓，我无力地瘫躺在冰面上。过了十几分钟，我爬起来又漱了漱口，此时才发现，正对着我的河床底部居然有一堆狼粪！这是去年溪水尚未冰封时一只狼留下的。经过一个冬天的浸泡，已经发白了，粪便中的动物毛发随着溪水的流动而缓缓地摆动着。看到这幅景象，我的胃不禁又是一阵痉挛。

坐在溪水边的岩石上休息了半个多小时，我才慢慢恢复了些体力，脑袋里充满了问号：这些化学药品到底是什么？它们对我的消化系统会产生什么样的危害？我会不会因此致癌？脑袋乱极了，却毫无办法，因为山里和村庄里都没有手机信号，也没有固定电话机，我得不到任何解答。揉揉肚子，使劲地在胃区按了几下，没有发现异常。于是我又整理好衣服，再一次向山垭口慢慢地爬去，因为我的背包、望远镜等科研用具还丢在山顶呢，既然身体没事儿，我仍然需要按计划完成今天的工作。

此后几天，每当我吞咽食物时，总能清晰地感觉到食物下行的位置，因为我的食道被化学药品腐蚀而形成了长长的伤口，当食物进入食道时，就会感觉到痛，尽管痛得不是很厉害。这种现象一直持续了四五天方才消失。虽然误服了毒性不明的化学药品，考虑到前期投入的科研经费、工作精力和紧张的时间，我决定暂不下山，仍然要按照计划完成所有的研究内容。半个月后，所有工作都按计划完成了，我这才返回到都兰县城，返回到西宁，最后返回到北京。到北京后，我急忙找到张芳芳博士，询问那瓶“水”到底是什么化学药品。她告诉我是无水乙醇，也就是100%的酒精，此时我的心方才落了下来！不过，这件事儿成了我今后酒桌上的“吹牛资本”：没有人比我喝的酒度数更高了，因为我喝的是100度的酒！

野外科研生活，条件艰苦，充满了挑战，偶尔还有一些有惊无险的事进行点缀。每当我因神经衰弱躺在床上不得入睡时，就会想起我在青藏高原做科研所经历的这些事情；忘不了雪山白云的洁净，忘不了见到野生动物时的兴奋，忘不了藏族老阿妈端来酸奶时的慈祥，尤其忘不了多尔改错湖畔那头野牦牛水汪汪的大眼睛和长长的眼睫毛。以彼之壮，对付我们两个私闯“民宅”的“不速之客”是绰绰有余的，可她却选择让出本属于她的地盘，我们人类是否也应该学习、并努力去拥有这种气度呢？给野生动物多留一些地盘、多留一些空间让它们自由自在地栖息、繁衍和生存吧！

14 形形色色“高原人”

广袤无垠的可可西里就像一头巨象，人们围绕着她、打量着她，怀着不同目的的人看到了不同的侧面。自 2004 年我到可可西里做科研工作以来，在这 8 万多平方公里内见到了形形色色的、怀着各种目的的人，在此一一介绍。

最令人不齿的是盗猎分子。在可可西里，他们看到的是成群而“无主”的野生动物，在他们眼里，藏羚羊、盘羊等头顶上的角哪里是雄性动物们用于争夺配偶的角？它们分明是奢侈品店中价值不菲的工艺品！藏羚羊的毛皮也不是动物们用来保暖的毛皮，而是贵妇人项上的围巾！他们不仅枪杀野生动物，而且疯狂到杀害任何阻止他们的人！“野牦牛队”首任队长索南达杰即英勇牺牲在反盗猎行动中。深入到可可西里腹地做科学研究，我不怕环境恶劣，也不惧野生动物伤害，但在心里最深处，害怕的是遇见这些穷凶极恶的武装盗猎分子！长时间驻扎在野外营地里，周围几百公里了无人烟，每天见到的除了野生动物就是我们的队员，此时特别想见到“新人”，但心里又害怕遇见外来的陌生人。在这无人区里贸然出现的陌生人，最有可能是盗猎分子或是非法采矿者！环境恶劣我可以克服，野生动物伤害我可以防备，但对于我的这些同类，我却毫无办法！不过，在对他们进行谴责的同时，我们也应该看到，他们中的大部分其实也是因一念之差才走上犯罪的道路，如家庭贫困、缺乏其他工作技能、受传统狩猎业的影响……这些理由不是对他们犯罪的开脱，但确实是致使他们进入可可西里进行非法活动的主要诱因。真正应该被谴责的应当是那些野生动物制品收购者、加工者、贩卖者和消费者，尤其是后者。没有买卖，就没有对野生动物的杀戮！对于盗猎者，政府可以通过提高当地社会生产力、完善社会保障制度、开展更多的职业技术培训促使他们转移到合法行业，还可以通过各种媒体、学校普及生态环境保护知识，

加强他们的现代环保和可持续发展意识；对于收购、加工、贩卖环节，政府应该严厉打击，引导他们转行或从事家畜相关产业；对于那些消费者，应当进行生态环境保护知识的普及工作。近年来大规模的武装盗猎在可可西里已经基本绝迹了，但在局部地区，尤其是青海与西藏、新疆的交界地区，小规模的盗猎现象仍时有发生。“沙图什”的诱惑仍然存在，如果减轻对盗猎行为的打击力度，盗猎分子必定会卷土重来，可可西里必然会重新笼罩在呛人的硝烟中。希望这一天永远不要来临！

采矿者在可可西里看到的是河流中流淌的沙金、盐湖中闪亮的结晶、山岭中泛绿的石头，还有深埋在地下的石油和煤炭！为了得到它们，这些人可以毫无节制地滥挖滥采，随意地丢弃生活垃圾，肆意地排放“三废”（废水、废气、废渣），脆弱的高原生态环境被彻底破坏，自然资源的可持续利用策略被抛在一边。近年来，反盗采已经成为可可西里保护区管理局巡山队员的一项重要工作。我国的自然保护区属于严格意义的保护区，《中华人民共和国自然保护区条例》第二十六条规定，禁止在自然保护区内进行砍伐、放牧、狩猎、捕捞、采药、开垦、烧荒、开矿、采石、挖沙等活动。同时第二十七条

野外宿营地周围几百公里荒无人烟

规定，禁止任何人进入自然保护区的核心区。第二十八条规定，禁止在自然保护区的缓冲区开展旅游和生产经营活动。为什么会有如此严格的法律条文呢？因为国内外野生动植物保护实践证明，侧重于单个特定物种进行的保护往往是不成功的，投资巨大但保护效果有限；对整个生态系统进行保护，不仅可以保护生态系统内的每一个物种，还可以使生态系统内部保持正常的物质循环和能量流动，发挥生态系统的生态价值和社会价值。此外，制定如此严格的法律规定，也说明我国的自然保护区还兼具有为子孙后代保留一份资源遗产的功能。相较于盗猎分子，非法采矿者的资金更加雄厚，涉案人员复杂。盗猎分子通常使用的是两三辆便宜、破旧的二手车，人员一般由 3 ~ 5 人构成，机动性较强；而非法采矿者则是开着丰田越野车，紧随其后的是由推土车、挖掘车、翻斗车等构成的庞大车队，人员众多，机动性较差，但通常没有武器装备。

在可可西里五道梁至沱沱河段的某些地区，部分草原管理者和游牧者看到的是大片的、“没有被利用”的优质草场，为了独霸它们，带刺的、密实的铁丝网（网围栏）被竖立起来。自此，连绵无垠、动物们曾经可以自由徜徉的草地被无情地切割成一个个小小的片段，野生动物采食、迁移扩散等行为受到了极大的干扰和阻碍。两个被隔离开的种群，就像两个被隔离开的“恋人”，不能进行基因交流，种群内的个体也因此不能到对方种群里找“对象”，影响了动物的繁殖，使得种群内近亲繁殖率大大提高，大量基因丢失，长期下去使得野生动物体质下降，走向消亡。一旦有野生动物重返这些被霸占的草场，反而被倒打一耙说是野生动物践踏了草场，造成了草场质量的下降，要求政府给予经济补偿！我在可可西里卓乃湖畔曾经发现了一个牛轭。牛轭是木制的，被发现时仍然很“新鲜”，看起来被遗弃的时间并不长；同样在卓乃湖附近的山沟里也发现了一个玛尼堆，高约 1 米，说明即便是在距离青藏公路 200 多公里的地方，仍然有牧民在从事放牧活动。游牧是当地牧民放牧的传统方式，有利于草地的休养生息，但在保护区范围内是禁止放牧、采伐的；同时，在保护区内放牧容易导致野生动物与家畜，甚至与人发生严重的冲突。如近几年在青海省海北藏族自治州、海西蒙古族藏族自治州、玉树藏族自治州已经发生了很多起野牦牛卷走家牦牛、狼捕杀家畜事件，给牧民造成重大经济损失，也出现了若干起野牦牛挑死挑伤牧民、熊抓伤抓死牧民事件，给这些家庭带来沉痛的灾难。因此，对于在保护区内的牧民要采取劝离的方式。

对于可可西里这位“美丽的少女”，猎奇探险者看到的是她巨大的“吸

高高的网围栏使得野生动物优质栖息地片段化、破碎化

卓乃湖畔发现的牛轭

卓乃湖畔发现的玛尼堆，估计为清末至民国初年建立

引眼球”效应。于是乎，或自封为“科考者”，或化身为“探险者”，纷纷闯入高原。人类的发展、文明的进步与人类有对未知事物、领域进行探索探险的精神密不可分，这种探索探险的精神非常值得鼓励！但我看到的更多的是开着高档越野车、满载着精美食物、做“到此一游”式的探险者。这哪里是探险，分明是一场哗众的郊游！分明是“我曾经去过，你却没有”的炫耀心理在作怪，分明是博“眼球”的作秀行为！近几年，在某些新闻媒体上频频可以看到“穿越可可西里”“穿越无人区”等悚人标题，在现代化全方位的后勤保障下，仅仅是为了穿越而进行的穿越还有什么意义吗？问题的关键是为什么要穿越可可西里？来到可可西里解决了什么问题？仅仅是为了证明身体健壮吗？是否评估过所谓的穿越活动会对当地野生动物和自然环境带来什么样的影响？是否考虑过如果因饥饿、陷车、受伤，或者因为中途失去了探险兴趣而求救，将会给救援人员带来多大的危险？因此而被消耗的巨大人力、物力和财力由谁来买单呢？2012 年 10 月，两名外籍男子从新疆和青海交界处骑自行车进入可可西里进行所谓的“穿越”活动，之后在太阳湖附近迷路。最后这两名男子用随身携带的卫星电话通过其所属国家的驻中国大使馆向中国警方求救，格尔木警方当日下午先后派出 3 批救援人员前往救援。在实施救援过程中，救援人员不断遭遇恶劣天气、陷车等困难，有多名救援人员被冻伤或划伤，救援过程异常艰难。经过整整 5 天的搜救，最后在红水河附近找到了这两名“穿越者”。据我的了解，整个救援行动花费了大约 100 万人民币，全部由我国政府承担，而这两名非法闯入可可西里自然保护区的“穿越者”仅是“对给中国警方造成的麻烦表示抱歉”，最后仅是“表示感谢”而已。

记得有一年在卓乃湖畔，在海拔约 4 800 米的地方，我们正在费力地搭建营地，有两辆装饰得花花绿绿的车飞驰而来，我们以为来了帮手，很高兴。车开进了营地，果然是两辆很好的越野车，装饰得像极了 F1 赛场上的赛车，车身车尾涂满了英文广告，两侧车门还各喷绘了一行遒劲有力的大字：“可可西里科考队”。我们感到很纳闷，难道来的是其他科研院所的同行？但搞科研工作的人很少开这样花花绿绿的“F1 山寨”车，也不会大张旗鼓地弄这么几个字出来，我感到很疑惑。这时，几个人从车里走出来，站在旁边看着我们搭营地。没有搭把手也就算了，我很理解他们，毕竟在这么高的海拔上干活的确是很累的，但过了一会儿，有两个人居然开始指挥我们该如何如何……我感到很好笑，看他们的车和做派，估计在他们的“地盘”，他们属于“被优待”人群，被优待久了，养成了这种“我是特权

阶层”的感觉。接下来的几天，我们也没人搭理他们，他们大约住了 3 天，每天临近中午方才起床，然后在营地附近开开车，也不知道他们到可可西里是“考察”什么“科学”来了。显然，这种没有实际内容、没有文化内涵、没有触及“三观”（人生观、世界观和价值观）的“探险”仍然处于初级阶段。科学考察不是走马观花式的野外旅游，科考的本意是科学精神和自然探索，如果这样的作秀活动仍然继续发生，不仅破坏了可可西里这片最后的净土，也是对探险精神的亵渎。

与这些“到此一游”式的“探险者”相比，我敬佩的是那些高原生态环保志愿者，他们有的是以个人身份来到高原，有的是通过各种环保组织来到高原。他们真正关心、爱护高原生态环境，有些人更是把环保事业视为自己的终身事业，为了这个理想，有的甚至献出了宝贵的生命！ 2002 年冬天，就发生了志愿者冯勇在巡护工作中不幸遇难的灾难性事件。可可西里保护区管理局通常每年会在网上招聘志愿者，经过遴选后，幸运者可以到可可西里保护站，与站内的保护人员共同工作、生活一段时间（通常是 7 ~ 15 天）。志

志愿者在可可西里工作

愿者的工作内容主要是参与日常巡护、巡山及对野生动物的救护工作，还有就是帮助接待客人和捡拾垃圾等。保护站海拔高亢，很多内地来的志愿者会出现不同程度的高原反应，但在保护站，我目睹他们忍着高原反应带来的身体不适，积极工作、热情接待，很是佩服他们的奉献精神！保护站的工作人员深知可可西里工作和生活条件恶劣，危机四伏，因此也非常照顾这些远来的志愿者。但也有个别志愿者到可可西里来是为了获得可可西里保护区管理局颁发的“志愿者证书”，因此在保护站工作态度消极，不但不积极热情地完成应该承担的任务，反而需要工作人员牺牲巡护时间来照顾他们的生活，如给他们端茶送饭、盥洗衣服等，成为了保护站的负担。

还有一些专业摄影师被高原风光、高原动物吸引而来。相较于在青藏公路旁追逐野生动物的游人不同，他们可以深入可可西里和高原内部，通过自己的镜头，向人们展示高原中难得一见的美丽的画面和动人的视频。他们如同候鸟，“夏候鸟”主要在每年的暖季（6 ~ 8 月）来到高原，主要专注于藏羚羊的大迁徙，“冬候鸟”主要在每年的冷季（11 月 ~ 次年 3 月）来到高原，

摄影师在可可西里拍摄野生动物

主要专注于因积雪覆盖而迁移到较低海拔的野生动物。在可可西里我接触了几位摄影师，他们都非常敬业，会自己先挖好掩体，然后在狭小、潮湿、寒冷的掩体内蜷伏一整天，就为了得到一些满意的照片或视频。我不是做摄影工作的，但被他们的行为所感动！

近几年，出现在青藏公路上的徒步者和骑行者也变得越来越多，尤其是在每年暑假期间，以大学生、公务员和离退休人员为主的徒步者和骑行者在青藏公路上或闲庭信步或你追我赶，颜色艳丽的冲锋衣、背包和自行车组成了高原独特的风景！他们本是为了锻炼体魄和欣赏高原风光的，却不想自身也成为高原风光的一部分。与匆匆而过的乘机动车（汽车、摩托车）的旅行者不同，他们有更多的时间驻足欣赏高原景色，也有更多的时间去了解高原人的日常生活和独特文化。如果愿意，可以起个大早登上附近的小丘领略朝霞的大开大合，也可以倚靠在土墙边静静地欣赏晚霞的旖旎静谧；走累了，掀开游牧帐篷的门帘，一股沁人的奶茶味扑鼻而来，也可以到当地寺院转转，欣赏满墙的唐卡和壁画，再与喇嘛闲谈几句，感受不同的文化气息。我很愿意和这些徒步者、骑行者交谈，倾听他们的人生经历和在高原旅行中的感悟。我曾经在不冻泉保护站遇到一名来自杭州电子科技大学的学生，这是我遇见的离我工作的学校最近的学生了，可惜遗憾的是一直没有碰到来自我自己学校的学生。2009 年 7 月在索南达杰保护站遇见了一个来自石家庄的骑行者，听说我是来高原做野生动物研究的，即对我表示他自小就喜欢和小动物打交道，在考大学的时候因 1 分之差没有进入生物学系，至今仍然感到很遗憾。他当即决定在索南达杰保护站小住几天，给我当科研助手。我很高兴他对生命科学仍然抱有浓厚的兴趣，但对他“当助手”的决定感到为难，一是怕因此耽误了他的计划行程，二是作为游客是不能随意进入到可可西里腹地的。无论我如何劝说，他执意不肯放弃给我当科研助手的念头，那么只有我改变自己的计划了。我答应他只能让他给我当一天的助手，工作内容是在保护站附近做植被地上生物量调查。他高高兴兴地跟着去了，傍晚回来后却显得疲惫不堪，连连说做科研太辛苦、太枯燥了，我打趣地问他还要不要继续做我的助手，他的头摇得像拨浪鼓一样。2013 年 7 月，我和可可西里保护区管理人员尕玛英培沿着青藏公路做公路两侧野生动物种群数量和分布的调查。调查结束后，我们开车返回保护站，刚上一个土坡，发现路边有一个女孩，背着一个比她的身体整整大一圈的旅行包，伸着手臂大拇指朝上，意欲搭车。此时天就要完全黑下来了，如果搭不到车，一个女孩子孤身一人在路边过夜会很危险。我和尕玛英培急忙停下车，让她上了车。女孩子很健谈，

青藏公路上的骑行观光者

通过聊天我了解到她来自广东，2 个月前从昆明启程，沿着滇藏线一路步行、搭车到达拉萨，然后从拉萨沿着青藏线到格尔木、西宁，最后乘火车返回广东。听了她的介绍，望着她娇小的身材，我简直不能相信她竟然独自一人行走了4 000 多公里！转而非常佩服她的执著和毅力！

作为全球生物多样性保护的热点地区，青藏高原也吸引了越来越多的科研工作者，仅在可可西里，我就遇见了来自多家科研机构和大学的科研人员，他们在可可西里做了大量的研究工作，同时也给了我很多研究建议和指导，令我受益匪浅。其中，和西宁青藏高原野生动物园的吴国生工程师，中国科学院西北高原生物研究所的苏建平博士、曹伊凡老师和张同作博士，国家林业局调查规划设计院的马国青博士，以及北京林业大学的朵海瑞博士一起工作的时光最令我难忘，他们乐意共享，甚至无偿送给我一些科研设备和许多宝贵的研究资料，大大方便了我在可可西里的科研工作，和他们一起共事是很享受的事情。可可西里地处高原，无论是自然环境条件还是科研辅助条件

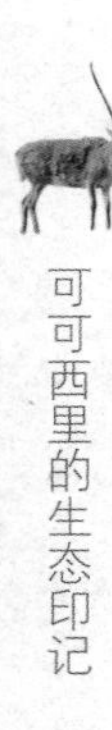

一场大雪后，我们堆了一个雪人，“头发”是用野牦牛毛做的（赵新录摄）

都差强人意，因此愿意到可可西里做研究的科研人员在数量上还远远不足，而且即便是能来的，投入的时间和科研精力也相对较少，这也导致可可西里尚有很多科研空白，希望随着科研条件的改善，能有越来越多的科研工作者来到可可西里，进而喜欢上可可西里这位“美丽的少女”。

形形色色的“高原人”中最令我感动的是可可西里的守护神——可可西里国家级自然保护区管理局的工作人员和森林公安干警们。走进管理局办公楼大厅，陈列在两旁的标语格外醒目：特别能吃苦，特别能战斗，特别能忍耐，特别能奉献！这几句红彤彤的大字是“可可西里精神”的彻底宣告！在我眼中，他们是“当代最可爱的人”！光顾可可西里的形形色色的人群中，从盗

这几句标语是“可可西里精神”的真实写照

猎分子、非法采矿者、“探险者”、志愿者、摄影者、骑行者到科研工作者，对于可可西里来说都是匆匆过客，能够日复一日、年复一年坚守在可可西里的，只有这些可可西里保护区管理局的工作人员和森林公安干警。有的人到了昆仑山口，便大声地满世界宣告：我进入可可西里啦！有的人在保护站小住了几天，便高调地宣称：我经受住可可西里的考验了！其实，他们只是踏上了可可西里这片土地而已，对于可可西里真正的精髓——“可可西里精神”，却丝毫没有领略、感悟到。当然，每个能够来到可可西里的人都是自己的英雄，都是克服了种种困难方才到达可可西里的。但我更希望他们能够“入宝山而不空手回”，停下脚步，小住几天，嗅嗅高原上沁人的花香，看看昆仑山顶亘古的雪山，听听保护区巡山队员讲讲巡山的故事，静静地思考自己人生的价值，相信你一定会有所领悟，“可可西里精神”一定会成为你今后人生信念的支柱！

15 最后的庇护所

我国是世界上生物多样性最丰富的国家之一，也是生物多样性丧失最严重的国家之一。据估计，世界上有约 10% 的植物处于濒危状态，而我国这个比例在 20% 左右，有 5 000 余种。在一个生态系统中，通过食物链和食物网，一个物种的消失常常会导致另外 30 余个物种出现生存危机。以此算来，我国 5 000 余种濒危植物影响着十几万个其他物种的生存和发展，而它们的生存危机可能会导致出现物种灭绝的“多米诺骨牌效应”，从而导致整个生态系统崩溃，人类也将会因失去生物环境的物质和能量支撑而最终灭亡。

如何保护这些濒危物种呢？物种灭绝的原因除了物种本身进化因素外，人类的干扰是最主要的原因，因此建立自然保护区进行就地保护是一种最直接、最有效的保护形式。自 1956 年中国科学院在广东鼎湖山建立我国第一个自然保护区开始，我国至今已经建立各种类型的自然保护区 2 000 多个，总面积达 150 多万平方公里，占全国陆地总面积的 15% 以上。根据我的野外调查，可可西里地区分布有哺乳动物 31 种，其中国家一级重点保护动物 5 种，二级重点保护动物 9 种，几乎一半的哺乳动物都是国家重点保护动物；分布有鸟类 56 种，其中国家一级重点保护鸟类 3 种，二级重点保护鸟类 11 种，1/4 的鸟类属于国家重点保护动物；此外，还分布有高等植物 200 余种。因此，可可西里国家级自然保护区的建立正当其时，可可西里是高原动植物的最后庇护所。

栖息在青藏高原的野生动物对这里严酷的自然环境和气候产生了很好的适应，主要反映在形态特征、生理机能和生活习性几个方面。形态上主要是体毛丰厚、色泽多变，如野牦牛冬季的腹毛长可达 1 米，体毛颜色偏暗，而到了夏季腹毛变短，体毛颜色也淡了许多。藏羚羊和藏野驴等有蹄类动物具有灵敏的视觉和嗅觉，尤其藏羚羊鼻部宽阔，鼻腔两侧特别鼓胀，像两个圆状皮囊，能吸进更多的氧气。在生理生化上，高原动物血液中血红蛋白数量通常相对较多，有利于携带更多的氧气。在生活习性上的适应最是丰富多彩，最能吸引人，充分反映了高原生物的特殊性和多样性。

藏羚羊属于牛科，是性二型动物，雄性有长长的角而雌性没有。藏羚羊是青藏高原特有的物种，是国家一级重点保护动物。现在它已经成为可可西里的旗舰种和指示物种，成为可可西里的象征。它的美丽，有人评价是挺拔的，是健壮的，是优美的，是具有独特神韵的，它的美只有身临其境亲自观赏方能领略。

我最喜欢的是处在繁殖期中的雄性藏羚羊。由于雄性激素的作用，它的脸被鼻翼的腺体染得黑漆漆的，毛色更换一新，呈现出淡淡的红色，此时的雄性藏羚羊极为帅气。在繁殖期间，雄性藏羚羊通常会占据一个临时地盘，只允许雌性到它的地盘内采食。当其他的雄性进入地盘或企图接近地盘里的雌性时，该雄性藏羚羊会迎上前去，先是上上下下地打量着对方，判断是否有能力将对方驱赶走，同时这也是一种示威。如果对方仍然不肯离开，藏羚羊会低下头用角试图碰触对方，继续发出警告，如果对方仍然置之不理或也低下头准备迎战，一场战斗将不可避免地发生了。藏羚羊的角宛如一把长剑具有相当的致命性，可造成对方身体受伤或死亡，在高原极端环境下伤者是很难继续生存下去的，因此，对于藏羚羊来说角斗是最后的选项。角斗过程相当激烈，角与角交织在一起，你进我退，左突右拐，几个回合下来，力气小的一方会放弃战斗转身逃离，胜利者往往会跟随着它并将其驱逐出自己的地盘。此时胜利者环首四顾，颇具霸王风范！然后昂着头，挺着胸，翘着镶着白边的尾巴，高跨着脚尖，围绕着雌性前前后后地迈着小碎步，不时地用前腿触碰雌性，动作既高傲又优雅。有时它也会低头吼叫，鼻孔两侧特有的胡桃状突起抖动得很明显，像一个共鸣器。此时，如果雌性藏羚羊没有交配的意愿，就会对雄性藏羚羊的炫耀动作不理不睬，如果雌性藏羚羊轻盈地跑开了，雄性会欢天喜地跟随过去，完成交配仪式。

藏羚羊一般营群居生活，平常雌雄分开活动，只有在繁殖季节雌雄才会混在一起。在青藏公路可可西里段两侧，经常可以看到藏羚羊在路边活动。据我的观察，在公路边活动的藏羚羊以雄性小群居多，雌性通常在距离公路较远的地方活动。

藏原羚是牛科原羚属的动物，当地人通常称它为黄羊、西藏黄羊、小羚羊，是国家二级重点保护动物。藏原羚和藏羚羊在可可西里同域分布，

青藏公路旁的雄性藏羚羊群

很多人会把二者混淆，其实二者间有很多区别：与藏羚羊相比，藏原羚体型较小，四肢较细弱，耳朵较狭长，在冬季藏原羚的毛色偏青色而藏羚羊偏红色，在行为上藏原羚给人感觉更活泼、轻盈些。不过二者之间最明显的区别是藏原羚有一个“白屁股”，即有一个醒目的臀斑，这也是原羚属物种共有的特点。藏原羚也是性二型动物，雄性有一对镰刀状的角，但角的长度远远短于藏羚羊的，通常不超过 30 厘米。角基具环棱，末端没有棱，整个角型宛如弯弯的匕首，非常锋利；雌性没有角。别看藏原羚体型小，但它却非常向往自由，因此被关在笼子里时具有非常强的攻击性。青海湖国家级自然保护区野生动物救护站曾经救护了一只瘸脚的雄性藏原羚，野

雪山下一只孤独的雌性藏羚羊

生放养之前被关在一个不大的网围栏里。看着它在网围栏边走来走去，我靠近网围栏想抚摸一下它光滑顺溜的毛，传达一下人类对它的关爱。这只藏原羚紧张地盯着我，我嘴里模拟着动物的叫声，眼神尽量柔和，慢慢蹲下，可这只藏原羚却不领情，头一低，猛地向我撞来。幸亏隔着网围栏，它的角基重重地抵在网围栏上，尽管没有受伤，但我着实被它吓了一大跳，肾上腺激素急剧增加，心扑通扑通跳个不停。原来藏原羚本性机警，行动敏捷，尽管被救护后和人类朝夕相处了很久，但它仍然保持着机警的个性。为了防止抵撞到人，救护人员不得不用一段橡胶管子套住了它的角尖。真是爱自由，并为了自由勇于斗争的动物啊！

被救护的藏原羚仍是野性不改啊！

藏原羚具有醒目的臀斑

在青藏公路两侧自由采食的野生动物

藏原羚是青藏高原分布最广泛的一种有蹄类动物，从高山到峡谷，从草原到荒漠都能看到它们活动的身影。藏原羚一般营群居生活，平常雌雄也是分开活动的，只有在繁殖季节才会混合在一起。在青藏公路可可西里段两侧，经常可以看到三三两两的藏原羚在路边活动，有时距公路仅 1 米左右，来来往往的车辆或呼啸而过，或鸣着喇叭，但藏原羚似乎对此司空见惯，仍然低头采食或呼呼大睡。可是一旦有人下了车，或者向它们走过来，它们便会立刻停止进食或睡觉，抬起头用警戒的眼神看着你，当你和它的距离接近到让它感到不安全时，藏原羚会立刻敏捷地跑开。不过，藏原羚个性好奇，跑开几步达到安全距离后，它往往会停下来，回头用大大的眼睛看着你，大概也想弄明白：你为什么要赶跑我啊？

藏野驴是我最喜欢的高原动物之一，这其中一个原因是因为我的一个外号。因为我出去游山玩水时不喜欢找旅行社而总是“野”玩，朋友们因此给我起了一个外号：野驴（旅）。不过我这个“野驴”没有真正的野驴——藏野驴健壮、漂亮。

雪山下的藏野驴（苏建平摄）

藏野驴属于马科马属，当地人称它为野马、亚洲野驴，是国家一级重点保护动物。不过我看它长得并不像马，从体型上看倒颇像骡子：吻圆钝，耳长，四肢粗短，体背有一条黑褐色脊纹；腹部白色，体侧和体背棕黄色，两种颜色在体侧截然分开，看起来整洁、利落，这是我喜欢它的原因之一。2012 年我们在海丁诺尔调查时，突然发现了一条新的土路，我们很好奇是谁修的这条路，它通向哪里。沿着这条土路走了几步，看着路上纷杂的蹄印，恍然大悟，原来是藏野驴修的“路”。藏野驴通常集群活动，有时一群甚至可以达到几百头。在迁移的时候它们喜欢排成一排，因此往往会踩踏出这样一条“新路”。藏野驴的这个习性给牧民们带来了烦恼，他们认为几百头野驴在草场上集群活动时，会践踏草场，使牧草不能生长，同时藏野驴在采食牧草时会“贴着草根把草吃掉”，他们认为这会降低草场的产量。我们不能一味地指责牧民占据了原本属于野驴的草场才会发生这样的事情，如何协调好牧民的经济发展和野

干净利落的藏野驴

藏野驴的“路”

肆意狂奔的野牦牛群

生动物保护之间的关系是个老大难的问题。这个问题解决好了，利民利野生动物，解决不好，会给双方都带来伤害。

藏野驴还有个有趣的“个性”：不允许人类的汽车超越它。当汽车经过的声音惊扰了它们的闲情逸致时，它们便会跟汽车赛跑，直到超越了汽车，从行驶的汽车前面横穿过去方才罢休，这种“锲而不舍”的精神很值得我们学习。然后藏野驴会停下来回头凝视着我们，似乎在显示胜利者的骄傲。据测定，藏野驴的奔跑速度可达每小时 60 ~ 70 公里，难怪敢于和汽车一较高下！

野牦牛无疑是青藏高原最高大、最强壮的动物，体重可接近 1 吨。它属于牛科牦牛属，别名野牛，是国家一级重点保护动物。通体黑色，肩部明显隆起形成前高后低的体型，颈下及腹下有下垂的长毛。野牦牛雌雄个体均有角，雄性角巨大弯曲，雌性角略小。野牦牛在冬天通常集大群活动，在卓乃湖、西金乌兰湖等地经常可以看见上百头，甚至上千头的野牦牛群，黑压压一片，在白雪映衬下分外显眼；在暖季（6 ~ 8 月）通常集小群或者单独活动。如果说藏野驴在行走、奔跑时是“有组织、有次序的”，那么野牦牛就完全是凭着一股牛脾气，跑起来漫无次序，肆意狂奔！如果是一大群同时在奔跑，场面非常壮观。野牦牛横冲直撞、势不可挡，大地震颤、尘土飞扬！我曾经在卓乃湖畔的一个无名草甸附近有幸欣赏到了这一大自然的奇观。等它们跑走后，草甸附近牛粪遍地，草甸被踩踏得松松软软。有一年我们在豹子峡附近看到一具野牦牛残骸，尸骨铺了一地。尽管已经死去多时，但野牦牛的头仍然倔强地竖立着，巨大的双角翘向天空，仍然保留着一股不服输的牛脾气！

在可可西里，巡山队员最害怕近距离遭遇的野生动物不是藏棕熊、狼等食肉动物，而是一种食草动物——野牦牛，尤其是雄性的独牛，它可是可可西里的“老大”。遭遇藏棕熊和狼等野生动物，可以立刻躲到汽车里离开，或者鸣枪警告，这些动物就会自己逃走。但遇到野牦牛可就不一样了，如果你挡住了它的路，发起飙来它连汽车都敢顶撞。曾经有一次，一头犯了牛脾气的野牦牛连续顶撞了 3 辆巡山队员的吉普车，幸亏队员们机警，一一躲开，否则后果不堪设想。近几年我们一直在监测青藏铁路和青藏公路两侧的野生动物，在距离青藏公路不到 1 公里远的草地上我们多次发现有野牦牛在游荡，它们都是独牛，具有很强的攻击性。如何判断野牦牛要向你发起进攻了呢?根据我的经验，在进攻前野牦牛有几个标志性的姿势。一是低头撅腚。低下头，挺起长长的弯角，屁股撅起，尾巴高扬。二是四肢叉开，积蓄力量。四个蹄子叉开，重心下降，调整好身体随时可以猛冲猛撞过来。曾经有一次在库赛湖畔，远远地看见有一头野牦牛，我们想拍张照片，在我们的强烈要求下，卓乃湖保护站站长赵新录开着车慢慢地接近这头牛，我坐在副驾驶位置上，调好相机的各种参数，做好了拍照的准备。汽车马达声早早地让野牦牛警觉起来，它停止了采食，抬起头看着我们。我们的车越来越接近它了，猛然间野牦牛低头撅腚，四肢岔开，向我们冲了过来。赵新录急忙一个倒挡，然后

准备进攻的野牦牛

狼的足迹（链）

车身急速调头，载着我们落荒而逃，我吓得早已忘记手里还举着照相机，一张照片也没有拍成。幸好野牦牛也不追击，只是沿着原来的路线一路狂奔而去，可见野牦牛的牛脾气和威力非同一般啊！

除了几次远远看到外，我在可可西里没有近距离遭遇过狼，但在沟里乡智玉村五队我和狼有几次近距离的“亲密接触”。我们的痕迹调查显示当地最大狼群由 9 只狼组成，而我亲眼看到的最大狼群有 5 只狼。狼和雪豹同属当地生态系统食物链的最高级，显然二者间存在着一定程度竞争，尤其是对食物资源有较强的竞争。以前读书时见到“鬼哭狼嚎”四个字根本没什么感觉。“鬼哭”至今我还没有听到过，“狼嚎”却亲耳聆听到了。有一天早晨 6 点多钟，我正在远离村庄的野外帐篷里熟睡，突然被帐篷外的哭声惊醒了。当时第一感觉就是村子里有村民过世了，妇女们正在痛苦地哭丧。哭声很凄惨，声调忽高忽低，搞得我心情顿时也跟着低落起来。急忙要穿衣起床，突然想到我现在住在野外，附近没有居民居住啊？这才醒悟到原来是狼群的叫声。显然这群狼已经距离我的帐篷很近了，不由地紧张起来，赶紧下床拿起了防身用的藏刀。却又禁不住观察狼群的“诱惑”，悄悄走出了帐篷。借着蒙蒙亮光，影影绰绰看见相距不过 100 米的对面山上有 4 只狼。我想再探身仔细观察，狼群却很不配合，翻过山脊跑掉了。自此以后，每次读书见到“鬼哭狼嚎”这四个字，耳边总是回响起这群狼的嚎叫声。

和狼最为“亲密”的一次接触是我和向导三科在返回营地的途中，转过一段悬崖，突然间马竖耳喷鼻，前蹄刨地，再也不肯向前走了。在马背上打瞌睡是藏族牧民的奇特本领，本来正在打瞌睡的三科顿时醒了，他很有经验，马上判断出是附近有情况。我也本能地感觉到附近有危险，四处观察。果然，在距离我们不到 20 米的右侧山坡下蹲伏着一只狼！天色将暗，狼的毛色和山石融为一体，很难发觉。狼静静地蹲伏着，并不着急跑掉。事发突然，我们在马背上手无寸铁（没有枪支，偏偏又将藏刀放在后背包里了），也不知道附近还隐藏着多少只狼，不敢乱动，只能静静地注视这只狼。过去了两三分钟

（或许更长时间，当时已经没有时间概念了），狼站了起来，转身向山坡上走去。它不紧不慢地走着，似乎是在散步一般，居然还几步一回头，边走边观察着我们的动静！在我们的注目相送中，这只狼终于走到小山顶了，三科此时已经判断出这是只孤狼，没有其他狼潜伏，立时打了个呼哨。狼仍然不慌不忙地回头看了我们一眼，缓缓走下了山。三科勒马奔向了小山顶，我也纵马紧随其后。到了山顶上四处观望，却没有再发现这只狼，就如同凭空消失了一样！三科告诉我狼当着人的面，显得很能沉得住气，一旦在人的视线之外了，就会立时狂奔而去，或者找一个隐蔽的地方藏匿起来。真是狡猾的家伙啊！

藏狐、沙狐和狼一样都是属于犬科的食肉动物。在青藏高原大部分地区，藏狐和沙狐是同域分布的（尽管我从来没有在高原上看到过沙狐），当地人通常对这两种狐狸不做区分，统称为沙狐。其实二者有比较明显的区别：藏狐尾巴较短，尾尖是白色的，体侧有浅灰色宽带，与背部和腹部的毛色区别明显。藏狐在智玉村常见，但在可可西里数量较少。2009 年 8 月我曾经在青藏铁路野生动物通道附近看到过一只藏狐，嘴里还叼着几只鼠兔。看到我们停车在观察它，它也停了下来回头观察着我们。当我下车想走过去测定它所在地点的 GPS 位点时，它转过身沿着铁路护坡的铁丝网向动物通道跑去，最后穿越通道离开了我的视线。结合我们在五北大桥下采集到的藏棕熊粪样等例子，说明当地野生动物已经适应了青藏铁路的存在，已经开始利用专门为它们设置的野生动物通道了。还有一次是 2013 年 7 月我们在不冻泉保护站附近的青藏公路护坡下看到一只藏狐，它对来来往往的车辆视而不见，在护坡上小跑着搜寻着食物，食物资源包括它的主食鼠兔，但也可能包括人类遗弃的垃圾。因为前几天我们在索南达杰保护站亲眼目睹了一只藏狐跑到垃圾坑里去寻找食物。那天是在傍晚 8 点钟左右，天还没有完全黑下来，我正在房间里整理当天采集的数据，可可西里保护区管理人员尕玛英培进来告诉我有一只藏狐正在保护站附近活动。我急忙出去观察，发现那只藏狐正在垃圾坑里翻找食物。保护站当时正在建设新房子，距离藏狐仅 10 米左右就有工人在劳动。我悄悄地向这只藏狐靠近，直到相距大概 5 米远它才发现我，于是嘴里叼着一团食物的塑料包装袋跑开了。有人说这只藏狐很聪明，学会了如何同人类相处，可以花费很少的体力和冒着几乎为零的捕食风险而获得食物，但我却不禁为这只藏狐的命运感到担忧。动物园里禁止游客给圈养动物投喂食物，其中一个考虑就是防止动物误食食物的塑料包装袋，塑料不会被消化，往往造成动物的胃和肠道阻塞而导致动物死亡。我希望人类应该处理好与野生动物的关系，至少处理好各种垃圾，不要给野生动物的生命带来任何危害，哪怕只是潜在的危害。

藏狐的尾尖是白色的，体侧有浅灰色宽带

青藏铁路下一只藏狐正在穿越野生动物通道

一只正在垃圾坑里寻找食物的藏狐

探头探脑的高原鼠兔

在可可西里，每一个生命都会得到尊重，甚至包括鼠兔。鼠兔，顾名思义，长得像老鼠一样的兔子，它属于兔形目鼠兔科，可可西里分布的高原鼠兔是青藏高原特有的物种。高原鼠兔体型小如老鼠，耳朵小巧也像老鼠而不像兔子，加上一对大大的“门牙”，难怪很多人把它当成了啮齿动物，当成了老鼠。我国是鼠兔资源大国，世界上共有30种鼠兔，我国就有24种，其中有10种为我国所特有。

鼠兔主要分布在高海拔地区的草原和草甸上，穴居，以各种牧草的地上部分为食。鼠兔是群居动物，洞穴经过几个世代的挖掘，洞道多且分支复杂，有卧室、储粮室、粪室和备用室等；洞口也有多个，毕竟它属于兔形目，“狡兔三窟”也适用于它；鼠兔还有一种用于临时停留和避难的洞穴，这样的洞穴通常较浅，无巢室，洞口也只有一个。雪后初晴，鼠兔们纷纷扒开覆盖家门的积雪，探头探脑地观察外面的情况，或者蹲坐在家门口四处瞭望，这个时候是统计鼠兔有效洞口的最佳时机。鼠兔主要通过叫声相互联络，不同频率的叫声代表了不同的信息，停顿式的“吱—吱—”声是在互相问候，而急促的“吱吱吱”声就是在警告了：“有天敌，快隐蔽！”外出采食的便会慌里慌张地往家跑。鼠兔比较肥胖，跑动时肥肥的屁股东摇西摆，慌不择路，就如同一个个落魄的地主老财，令人忍俊不禁。

鼠兔不冬眠，冬天也会到地面上采食干牧草，但如果遇到连续几天的大雪天（这样的天气在可可西里很常见），鼠兔会不会被饿死？当然不会被饿死，因为鼠兔有一个特殊的习性：储备冬粮。每年在牧草营养含量最丰富的时候，鼠兔会收集牧草的种子，或将牧草从基部咬断，等牧草晒干后，鼠兔会把它们拖运回洞内的储藏室储藏起来，等到冬天大雪覆盖的时候，鼠兔就可美滋滋地在洞内享受美味。如果此时家畜缺少牧草，当地牧民通过挖掘鼠兔洞即可获得一定量的牧草来救急，可见鼠兔冬粮的储存量之大。

鼠兔的繁殖速度非常快，即便是在可可西里这样的极端环境下，一年至少也可以繁殖 2 次，每次产仔 2 ~ 11 只。鼠兔数量多、个体肥，吸引了许多食肉动物前来捕捉。尽管鼠兔挖掘了复杂的洞穴来逃避捕食者的捕捉，但洞穴不是万能的。香鼬体态瘦长，腿也较短，钻鼠兔洞穴游刃有余；藏狐被称为“鼠兔专家”，食谱中绝大部分是鼠兔；一些猛禽，如隼类、鹰类等也是捕捉鼠兔的好手。此外，藏棕熊、狼、猞猁、兔狲，甚至雪豹等食肉动物也都偏爱鼠兔。

我有神经衰弱的毛病，总是不容易睡着，有时不得不看一些文言文的古书来催眠。一些古籍中曾提到“鸟鼠同穴”现象，我一直不太了解，因为在内地从来没有看到过这种现象。刚到青藏高原时，有几次我发现在地面上活蹦乱跳的雪雀突然间就消失不见了，没有见到它们展翅高飞，也没有见到它们隐藏起来，它们到底去哪里了呢？急忙过去寻找，却什么也没有看到，地上只有几个鼠兔洞而已，它们到底去哪里了呢？我一直迷惑不解。直到有一

鼠兔家门口晾晒的过冬食物

与鼠兔“同穴”的地山雀

鼠兔的“厕所”

次，我静静地躲在一块大石头后准备拍摄鼠兔，从镜头中突然发现有一只地山雀（学名褐背拟地鸦）从鼠兔洞中跳了出来，我才恍然大悟，原来这就是古籍中所提到的“鸟鼠同穴”现象。据调查，除了地山雀外，还有6种当地鸟类可以在鼠兔洞穴里做巢，它们是棕颈雪雀、棕背雪雀、白腰雪雀、褐翅雪雀、白斑翅雪雀和黑喉雪雀。而且有人发现，如果某个地方鼠兔的数量下降了，这些鸟类的数量也有跟着下降的趋势；此外，鼠兔在挖掘洞穴的过程中，把大量松软的泥土翻到土壤表面，给高原上的植物种子、昆虫、蜥蜴、鸟类和其他小型哺乳动物带来了难得的生存空间。

鼠兔不起眼的挖洞行为在生态学家眼里却具有重大意义。鼠兔是讲究卫生的动物，有专门的巢室或浅坑被作为“厕所”使用，因此可以滋养高原本就贫乏的动植物循环系统，为植物的多样性提供了条件；挖洞使得土壤变得松软不板结，从而使土壤像海绵一样，具有更强烈的吸收和循环作用，尤其是在雨季，这种作用就越发明显，可以把土壤侵蚀程度降到最小。有的生态学家据此推断：高原上鼠兔的挖洞行为能对中国江河下游相关水域的洪灾起到减少作用。正如“南美洲亚马孙河流域热带雨林中的一只蝴蝶，偶尔扇动几下翅膀，可能在两周后引起美国德克萨斯的一场龙卷风”一样，鼠兔的生态作用不仅仅限于当地的生态系统，它的作用是不可估量的。鼠兔与植物、与鸟类、与食肉动物、与土壤都具有密切的关系，因此，有人把鼠兔看作是青藏高原的“基石物种”，即整个青藏高原的生态系统是建立在鼠兔这个物种的基础之上，如果这个基础消失了，整个上层系统将会崩塌、毁灭。

然而，鼠兔在许多人眼里却一直被视为“害兽”而遭到人类的灭杀。他们罗列了一些理由，如鼠兔和家畜争食牧草、鼠兔挖掘洞穴形成的土丘会覆盖牧草、鼠兔向人类传播鼠疫等，最终还把草场退化的根由也推给了鼠兔，认为是鼠兔的活动导致了草场的退化。我的观察结果正好相反，草场退化的原因首先是过多的家畜吃光了草场里的牧草，其次是人类的活动进一步破坏了草地的固有结构，这样草场就变成了鼠兔喜欢的生存环境，然后才有较多数量的鼠兔前来挖洞、做巢。我曾经跟很多人讲起我的这个观点，但很多人罔顾事实，他们看到颓败的草场上鼠兔数量很多，就据此认为颓败是由鼠兔造成的，这是典型的本末倒置！

草场鼠害问题恰恰说明了当地食物链的破坏和断裂。猛禽和食肉类动物是鼠兔和啮齿动物数量的天然控制者。然而随着人口和家畜的增多，这些天敌的数量越来越少，鼠兔和啮齿动物的数量因而大幅度增长，形成了所谓的“鼠害”。人类为了控制鼠害而投放鼠药的行为又造成了二次毒害，毒药通过食物链和食物网进一步毒杀了鼠类的天敌，由此形成一个正反馈，造成“人类投放灭鼠毒药，天敌越来越少，鼠害越来越泛滥，人类投放更多毒药”的怪圈。在都兰县沟里地区，在可可西里，所谓的鼠害主要发生在人类干扰比较大的

在鼠兔洞口附近投喂毒饵及被毒死的鼠兔

地方，如临近村庄的草场、河谷和道路两边，而远离人类干扰的地方，鼠害并不严重。一些牧区管理者已经认识到这个怪圈，改用招引猛禽的方法控制鼠兔数量，非常值得学习。

2011 年 6 月我在可可西里被一只鸟儿给欺骗惨了，每每回忆起，总是忍不住笑出声来。那天我正在平滩上跟踪藏棕熊，突然一只白腰雪雀不知从哪里飞了过来，掉在地上不住地挣扎，翅膀剧烈地扑扇着发出很大的声音，仿佛受了很重的伤。因为我正用望远镜聚精会神地观察着藏棕熊，被它吓了一大跳，注意力自然被吸引了过去。想看看它究竟哪里受了伤，是否需要救助，于是我改变了前进的方向，向它走过去，越走越近，雪雀也挣扎得越来越剧烈。它好像很害怕我一样，不停地向远处移动，我仍然跟着它，但彼此间的距离始终有三四米远。心里想着背包里带了什么药，哪种药可以给它医治，不知不觉中竟跟出了很远。突然，这只雪雀不再挣扎，一翻身“嗖”的一声直飞云霄！看着它远去的影子，我这才恍然大悟，没想到竟然中了它的“调虎离山”

人工招引猛禽

两只白腰雪雀正在打架

高原鸟类的巢和卵

之计。原来，在我最开始的前进路线上有它的巢窝，大概它正在孵化或喂养雏鸟，为了避免我对巢和雏鸟形成危害，它想引开我，于是就上演了这么一出好戏。想明白了，我不禁莞尔一笑，对它的机智和勇敢深表佩服，对大自然的奇妙进化感慨不已！

青藏高原还生存、繁衍着其他各种各样的野生动物，如在清水河畔栖息的黑颈鹤，在海拔 4 800 米雪水河里生存的高原鳅、水蛭，在高寒草甸上飞舞的绢蝶，在动物残骸下生存的某种红色螨类，在海拔 4 600 米的盐湖里生活着的奇怪小生物——卤虫等，然而我们对它们的生活习性、生态作用和是否濒危等仍然所知不多，在制定和实施具体保护措施的时候总是感觉无从下手，这就要求科研工作者和保护者进入可可西里，深入到野生动物的世界里去研

展翅飞翔的国家一级重点保护鸟类——黑颈鹤

海拔 4 700 米的雪水河里的高原鳅

水蛭可以分布到海拔 4 800 米

盐湖里的小生物——卤虫

动物尸骨下的“红蜘蛛”

保护人员孟克正在给救护的藏羚羊羊羔喂奶

究它们、保护它们、宣传它们，为我们的子孙后代留下一份宝贵的自然遗产。

在北京南苑有个大园子，里面养着近千只国家一级重点保护动物——麋鹿，这个大园子被称为麋鹿苑。在麋鹿苑里有一个很有警示和教育意义的景点：灭绝动物纪念碑。景点里摆放了许多墓碑，每个墓碑上刻有已经灭绝物种的名字：新疆虎、斑驴、台湾云豹、凤头麻鸭……一个一个墓碑看过去，最后出现在你面前的是个明亮的大镜子，镜子里出现的是你，人类。当野生动植物都灭绝了，人类也不能独善其身，最终自掘坟墓！我希望这样的情形永远也不会发生。

作者制作了保护野生动物海报并免费分发（华日多摄）

16 佛光的庇佑

在青藏高原生活着种类繁多、数以累计的野生动物，为了对这些野生动物进行保护，国家和地方政府颁布了一系列的法律法规，采取各种保护措施。此外，在这里还有一个巨大的先天优势：当地藏族和蒙古族等居民几乎都信仰藏传佛教。藏传佛教中不杀生的教义和敬畏神山圣湖的民俗信仰与当代野生动物和环境保护理念最相贴切。

佛教有“五戒”之说：不杀生、不偷盗、不邪淫、不妄语和不饮酒。不杀生排在首位，是信仰佛教之人坚守的第一信条。不杀生除了指不能杀害同类——人类外，也不能杀害一切“有情之物”。佛教中，将一切有感觉、有思维、有情识的生命称为“有情”，而将没有感觉也不知疼痛的植物等称为“无情”，凡是伤害有情生命的行为，皆属于杀生范畴。显然，野生动物乃“有情之物”。因此，笃信佛教的藏族同胞禁食鱼蛙虾蟹等水生动物，禁食蛇类、飞禽以及白唇鹿、藏羚羊、藏野驴等野生动物，由此才使成千上万的野生动物得以在此繁衍生息，成为野生动物的庇护所，佛教对保护当地的生物多样性，维护生态平衡有着不可估量的作用。

佛教的不杀生理念更重要的是体现了慈悲心。在藏族同胞生活区，有时你会看到耳朵边拴着红绳或脖子上披红挂彩的羊或牛，它们漫步在牧场、草甸、森林或山谷，没有人驱赶、役使，直到自然老死，这就是藏族地区特有的放生羊、放生牛。放生是藏民族地区普遍存在的一种民间习俗，属于民俗宗教活动范畴，各地表现形式大致相同——将生灵放归大自然，任其自生自灭。据我了解，放生的目的一是感恩，二是祈福。牧区的藏族人家，家家养牦牛，喝的是牦牛奶，用的是酥油，烧的是牛粪，住的是黑帐篷，这些都来自于牦牛的恩赐。有些牦牛从小就生活在家里，跟随家人十几年甚至更长，为家里做出了巨大贡献。

当它们年老以后，家人不忍心将之杀掉食用或贩卖，往往将它们牵至神山、圣湖放生，任其自由生活。有的牧民为了祈求全家人的幸福和吉祥，就将自家特定的一头牛或一只羊作为放生对象，任其自由生长，不耕、不驮、不杀、不售，死后其皮肉也都不用。放生的对象不仅仅限于牛羊等家畜，也有鱼类、鸟类和白唇鹿、岩羊等各种野生动物，这些野生动物大多来源于野外救助或市场购买。放生之俗是随着佛教的传入而产生、发展起来的，这一习俗在民间普遍为人们所接受后，在客观上起到了保护生态平衡的作用。禁止乱杀乱伐、

在寺院里有很多人和动物和谐共处的壁画

一只被放生的山羊

黑帐篷主要是用家牦牛的毛编织而成的（站立者为青海省野生动植物和自然保护区管理局的蔡平同志）

积极保护野生动物、保护大自然在藏族民间逐渐成了一种自觉行动，久而久之拉近了人和自然的距离，使得人和自然能够和谐相处。当然，放生不是随意地放生，放生的动物应该是本地原有的动物，对那些原本不在本地分布的外来动物（如巴西龟、牛蛙、小龙虾等），不应该在本地放生，以免造成外来生物入侵的恶劣后果，给当地造成巨大的生态灾难。

佛教主张不杀生，认为一切众生都有生存的权利和自由，我们自己怕受伤害、畏惧死亡，众生无不皆然；众生的类别虽有高低不同，但众生的生命绝没有贵贱、尊卑之分。如果人人发扬这种平等、慈悲的精神，我们的星球一定是和平、和谐、融洽无间的，将没有一个人、一只野生动物会受到故意

玉珠峰是当地的一座神山

的伤害。佛教的这种理念与现代环境保护理念同出一辙，最终的目的都是保护各种野生动物、保护我们赖以生存的自然环境。

神山圣湖崇拜是藏族宗教信仰中最具个性特征的崇拜形式。藏族远古先民相信万物有灵，即高原上的每座山、每条河、每个湖泊以至每片森林草丛中都有无形的精灵鬼神居住，他们主宰着世间的一切，他们决定着人类的生老病死、祸福丰歉。于是神山圣湖崇拜便成为高原世俗信仰的主要内容，那里成为狩猎、砍伐、烧荒、开矿等一切经济活动的禁区，藏区的许多山山水水因此得以完好地保护和保存。在神山圣湖的范围之内，动植物的种类和数量之多、保持原始状态之完好，这在许多地方都是无法与之相比拟的。如果

能以这些神山圣湖为核心区，把他们列为国家的自然保护区，岂不是能更好地保护自然、保护野生动物！

信仰是一种伟大的力量，它足以改变世界，哪怕只是一个人的世界。在格尔木到拉萨的青藏公路上，经常可以遇到"磕长头"的人，即以五体投地的磕头方式到拉萨布达拉宫和各个寺院朝拜的佛教徒。他们以男性居多，且大多为中年人或老年人，也有年轻的孩子；有佛家的僧人，也有俗家的百姓；他们或一人独行或几个人结伴；磕头的方式有一步一磕头的，也有走几步磕一个头的。磕头代表的是对信仰的虔诚、对自身的反省和对未来的美好期盼。2009 年 8 月我在沱沱河保护站附近遇见过一个磕长头的喇嘛，我很奇怪他孤身一人，身边也没有任何行李和包裹。我和尼玛下了车走过去问候他。这是一个年纪苍老的喇嘛，因为好长时间没有打理自己了，虬髯蓬乱，头发如卷；身上的衣服也是灰尘仆仆，膝盖上绑着护膝，手上戴着保护手掌的木板，木板已经被磨得锃锃发亮。我和尼玛双手合十，老喇嘛也急忙回礼，我们随即攀谈起来。老喇嘛不会说汉语，我们通过尼玛来翻译。原来他是从果洛一个寺院到拉萨去朝拜的，已经出发 3 个多月了。每天他把行李和包裹徒步运送到前方约 1 公里远的地方后返回原地，双手合十，身体匍匐在地，手臂合拢前伸，然后站起来走到手指尖触及的地方接着以同样的方式磕头，如此反复，像是在用自己身体的长度丈量家乡到拉萨的距离，这就是最虔诚的信徒在"磕

一个磕长头的喇嘛和作者合影（吴晓军摄）

等身头”！以这种虔诚的方式，他们翻雪山，穿林莽，踏沼泽，越荒原；即便途中遇到没有桥的河流，他们也会根据河流的宽度在原地磕完相应数量的头后再涉水过去。如果未能到达目的地而逝于途中，则被认为其修行已臻圆满，被神佛召唤去了。

我问他每天住宿、饮食的情况，尼玛翻译说晚上他住在自带的小帐篷里或在路边牧民家借宿，带的食物也仅能果腹而已。尽管他的外表有些脏兮兮的，但我分明感觉到他的内心是无比纯净的，他的精神世界是充实的！我不禁对他及他的信仰肃然起敬！作为一个世俗人，我不能陪他用这种虔诚的方式去追寻心里的宁静，只能送给他100元钱，希望一路上他可以吃得更好一些。尼玛和陪同我一起去做调查的宁波人林建铭和吴晓军也慷慨解囊，表达他们对这种信仰和精神的钦佩与仰慕。

智玉村五队有一个规模不大的寺院，但寺里有几位德高望重的活佛，因此这个寺院在周边山区是比较有影响力的，经常可以看到外村的人前来朝拜和转经。有一天我在一个藏族同胞家里观赏他珍藏的唐卡，门帘一掀，一个中年僧人走了进来，旁人告诉我说他是寺院里最有名望的活佛之一，土旦尕旺活佛。活佛之前也许知道有一个博士在这里做野生动物研究吧，坐下后便和我攀谈起来。我向活佛请教了一些关于藏传佛教的知识，活佛也对当地的环境变化和野生动物保护感兴趣，我们两个聊得非常开心。临走时活佛送了我一本介绍当地寺院的书，并要在扉页上给我留言。我灵机一动，当即请求活佛给我取个藏族名字。我与多个地区文化有过接触：我生在东北，东北文化是我的母文化；学习在北京，受过京城文化的熏陶；工作在浙江，日常接触的是江浙文化。我认为各种各样的地区文化都是适应了当地的自然环境和社会环境而产生、发展起来的，没有优劣高低之分。因此我对各地的文化都非常尊重，都想做深入的了解。在西北做研究工作，当然也想深入了解西北文化的内涵。而且，有个藏族名字，也方便我在藏族同胞聚居区开展工作。活佛很赞赏我对各种地区文化尊重、兼容的思想，思考了一会儿，给我取了一个藏族名字：香秋迦，意为充满慈悲心的人。我当即表示配不起这个名字，但活佛说我是做野生动物研究和保护的，心里本就存着慈悲，存着爱。我对活佛的夸奖很不好意思，但也接受了这个藏族名字，后来还穿着僧袍拍摄了一张照片。我将这张照片冲洗了100多张，以后再到藏族同胞家里作客或做社区调查的时候，我总是习惯性地送一张给他们，以此表明我的善意，表达我对当地文化的理解和尊重。他们很喜欢我的藏族名字，也很高兴我能有这样一张照片，于是乎各种好吃的食物不一会儿就摆满了桌子，我的最爱、当

地人酿造的牦牛酸奶豁然在列，我感觉幸福极了！

活佛告诉我，他在讲经时经常向当地牧民宣扬佛教教义，禁止杀生，提倡保护野生动物。当地牧民也积极践行这个理念。我的藏族向导三科曾经跟我讲过他的一个亲身经历："有一天我骑着摩托车带着女儿下山到香日德办事情。路上遇到两辆吉普车问路，我汉语不是很好，正和他们比划着怎么走这条路呢，我女儿看见车上装的是铁锹和捕哈拉（即旱獭）用的东西，就用藏语跟我说了，我一看他们果然是要去捕捉哈拉的。就跟他们说：'哈拉好好地活在那里，为啥要去杀他们啊？挣钱的路子有很多，为什么偏偏选择杀死动物去赚钱啊？这条路再往上走就是我们村了，不许你们到我们村子里捕捉哈拉！'这些人看我生气了，马上说可以给我草场损失费，让我带他们去。我

青海省都兰县沟里乡智玉村五队的佛教寺院

作者尊重当地文化（身着僧装照）

土旦尕旺活佛和作者合影

就告诉他们：‘我不要这个钱，你们再不回去，我要到政府报告了。’他们看我态度坚决，就掉头往回走了，我带着女儿慢慢地开着摩托车，一直跟着他们到了香日德，确认他们不会返回了，我才办事情去了。”我听了以后非常高兴，告诉三科：“你不是跟着他们，而是押送着他们！”

另外，传统藏族服饰的领口、袖口和下摆喜欢用大块水獭皮、雪豹皮或者狐狸皮等野生动物的皮子装饰。我想知道他们是否还保留着这个传统，于是我施用了一个小小的计策：每天吃完晚饭后用笔记本电脑和小音箱播放锅庄舞曲。藏民族是个能歌善舞的民族，有如此美妙的舞曲怎能没有人前来跳舞呢？果然，锅庄舞曲缓缓舒展起来，盛装的年轻小伙子和姑娘们也来到我的房间，或翩翩起舞或随曲高歌，尽享生活的乐趣。锅庄热烈，歌声嘹亮，常常把已经睡下的老阿爸、老阿妈们也吸引过来，一展身姿，一展歌喉！藏袍长袖飘飘之际，我很仔细地寻找着，却没有发现一块野生动物皮！原来，近年来当地藏族同胞已经放弃了用野生动物皮子装饰藏袍的习俗。尽管我的计策失败了，但心里却畅快淋漓！在歌舞中，忘记了白天做科研的艰辛，忘记了明天早早起床的约定，我也摇头晃脑，尽情享受歌舞之乐。

向导三科和他的妻子身着传统藏袍，上面的皮子为人工仿皮

2013 年 5 月我在玉树藏族自治州结古镇调查当地牧民与野生动物冲突期间，听到了这样一个真实的故事：玉树地震后，国家重建玉树。有个施工队在对河道进行重新修筑，有一些小鱼被困在水坑里奄奄一息。当地有些藏族小朋友用手捧起小鱼，一条条地送回到大河里。有人问他们，这么多小

鱼，你们能让几条小鱼活下去呢？小朋友们说："救一条是一条，至少被我们救起的那一条可以活下去！"这个故事深深地感动了我，小小的年纪竟有如此的慈悲心。如果说国家制定的有关野生动物保护的法律和法规是强制性的，那么佛教对野生动物的保护就是发自心底的，润物细无声的，如果立法者、野生动物管理部门能够把二者有机地结合起来，将会更有力、更有效地促进当地野生动物的保护，必然会使可可西里抑或青藏高原成为野生动物们的天堂。我期待那一天！

静静的夜里，听着女儿熟睡的呼吸声，嗅着窗外传来的淡淡桂花香，打开一盏台灯，静静地翻阅着我在青藏高原做科研时拍摄的照片，呼唤着一个个熟悉的名字，回忆着一段段幸福的故事，心里总是禁不住涌起思念的情绪。我的向导朋友，我的喇嘛朋友，我的歌舞朋友，我的野生动物朋友们，你们还好吗？

徐爱春

吉林省集安市人。生态学博士，主要从事野生动物生态学、保护生物学和生物多样性研究，研究对象主要是分布于青藏高原的大型哺乳动物，如藏羚羊、藏野驴、藏棕熊、雪豹等。已发表相关研究论文多篇，出版专著 1 部。目前在中国计量学院生命科学学院工作。